21 世纪高等学校计算机规划教材
21st Century University Planned Textbooks of Computer Science

"十三五"江苏省高等学校重点教材
（编号：2017-1-011）

C++程序设计基础教程

C++ Program Foundation

张晓如 华伟 主编
祁云嵩 王芳 於跃成 副主编

高校系列

人民邮电出版社
北京

图书在版编目（CIP）数据

C++程序设计基础教程 / 张晓如，华伟主编. -- 北京：人民邮电出版社，2018.5
21世纪高等学校计算机规划教材
ISBN 978-7-115-47958-7

Ⅰ. ①C… Ⅱ. ①张… ②华… Ⅲ. ①C++语言－程序设计－高等学校－教材 Ⅳ. ①TP312.8

中国版本图书馆CIP数据核字（2018）第036657号

内 容 提 要

本书利用通俗易懂的语言以及大量的典型实例，循序渐进地介绍了C++程序设计的基础知识与编程方法，将C++程序设计的难点、要点分层次、分阶段地逐步展示出来。全书共分为10章，包括初识C++程序设计语言、C++语言编程基础、函数、数组、结构体与简单链表、类和对象、继承与多态性、友元函数与运算符重载、模板和异常处理、输入/输出流。

本书结构严谨，兼有普及与提高的双重功能，可作为高等院校计算机及相关专业的“C++程序设计”课程的教材，也适合作为软件开发人员及其他相关人员的参考书。

◆ 主　　编　张晓如　华　伟
副 主 编　祁云嵩　王　芳　於跃成
责任编辑　李　召
责任印制　沈　蓉　彭志环

◆ 人民邮电出版社出版发行　　北京市丰台区成寿寺路11号
邮编　100164　　电子邮件　315@ptpress.com.cn
网址　http://www.ptpress.com.cn
北京天宇星印刷厂印刷

◆ 开本：787×1092　1/16
印张：13.5　　　　2018年5月第1版
字数：356千字　　　2025年1月北京第13次印刷

定价：46.00元

读者服务热线：(010)81055256　印装质量热线：(010)81055316
反盗版热线：(010)81055315

前言

自十多年前本书编写团队出版第一本 C++教材以来，团队全体成员一直坚守在教学一线，不断研究符合新阶段的教学内容，探索适应新对象的教学模式，提升满足新要求的教学质量，通过不间断的课程建设，积累了大量较有价值的资料，其间陆续出版了几套系列教材。所幸多年来的努力使得教学成效明显，不枉这些年团队全体成员的付出。

本书将近年来团队在教学中的想法融入其中，根据学生的认知规律，以及高校程序设计教学的新特征，在章节的安排、内容的选择等方面都做了较大改进，注重学生计算思维能力和编程能力的培养，力求做到精讲、精练，内容易学易懂、方便教学。

本书共分为 10 章，第 1 章概述计算机程序设计语言；第 2 章介绍 C++程序设计的编程基础；第 3 章通过函数介绍程序设计的基本思想和方法；第 4 章介绍 C++顺序结构——数组；第 5 章介绍链式结构——简单链表；第 6 章介绍面向对象程序设计的基本思想和方法——类和对象；第 7 章介绍面向对象程序设计的基本特性——继承与多态性；第 8 章介绍友元函数与运算符重载；第 9 章介绍模板和异常处理；第 10 章介绍输入/输出流。

参加本书编写的有张晓如、华伟、祁云嵩、王芳、於跃成、王逊、段旭、范燕、石亮、严熙、潘舒、王红梅等老师，其中第 1 章和第 6 章由祁云嵩执笔，第 2 章、第 9 章和第 10 章由张晓如执笔，第 3 章由於跃成执笔，第 4 章和第 7 章由华伟执笔，第 5 章和第 8 章由王芳执笔，最后由张晓如负责统稿。限于编者水平，书中定有不足之处，恳请各位专家和读者批评指正。

本书的顺利出版得到学校各部门领导和相关人员的大力支持，在此作者深表感谢，同时感谢团队全体成员多年来的坚持和努力。本书编写过程中参考了大量已出版的教材，在此一并表示感谢。

编 者

2018 年 1 月

目 录

第1章 初识C++程序设计语言

C++是一种面向对象的程序设计语言。本章从回顾程序设计语言的历程出发，叙述 C++程序设计语言的产生、发展及特点。通过一个简单的C++程序引导读者初步认识 C++程序设计。

1.1 计算机程序设计语言

计算机程序是人们为解决某个实际问题而编写的需要计算机完成的一系列操作指令的有序集合。程序设计语言是人与计算机交流的工具，是计算机可以识别的语言，具有特定的词法与语法规则。计算机程序设计语言能够使程序员准确地定义计算机需要使用的数据，并精确定义在不同情况下应当采取的行动。计算机语言从其发展历程看，可以分成机器语言、汇编语言、高级语言3个阶段，其中高级语言又可分为面向过程与面向对象的程序设计语言等。

1.1.1 机器语言与汇编语言

机器语言是直接用二进制代码指令表达的计算机语言，指令是由0和1组成的一串代码，它们有一定的位数，并分成若干段，各段的代码表示不同的含义。例如，某台计算机的字长为16位，即用16个二进制位表示一条指令或其他信息。16个0和1可组成各种排列组合，通过线路变成电信号，让计算机执行各种不同的操作。例如，将100与200相加的机器语言程序由下列两条指令实现。

```
1101 1000 0110 0100 0000 0000
0000 0101 1100 1000 0000 0000
```

虽然机器语言能被计算机直接识别和执行，但对于人类来说却十分晦涩难懂，更难以记忆与编写。在计算机发展的初期，程序员只能用机器语言编写程序，在这一阶段，计算机编程语言与人类的自然语言之间存在巨大的鸿沟，软件开发难度大、周期长，修改维护困难。

为了解决机器语言编程的困难，程序员使用类似英文缩写的助记符来表示指令，从而产生了程序设计的汇编语言（Assembly Language）。例如，使用ADD、SUB助记符分别表示加、减运算指令。将100与200相加的汇编语言实现如下。

```
MOV AX, 100
ADD AX, 200
```

使用汇编语言编写的程序，机器不能直接识别，要由一种程序将汇编语言翻译成机器语言，这种起翻译作用的程序叫汇编程序，汇编程序是系统软件中的语言处理系统软件，汇编程序将汇编语言翻译成机器语言的过程称为汇编。汇编语言实质上仍是机器语言，同样属于低级语言。

汇编语言是面向具体机型的，它离不开特定计算机的指令系统，因此，不同型号的计算机有不同结构的汇编语言，而且，对于同一问题编制的汇编语言程序在不同类型的计算机之间是互不相通的。

虽然汇编语言比机器语言提高了一步，使编程语言与人类自然语言之间的鸿沟略有缩小，但仍然与人类的自然表达方式相差甚远，而且由于汇编语言的抽象层次太低，一个简单的任务需要大量的语句实现，程序员还需考虑大量的机器细节，因此使用汇编语言编程的难度仍然很大。

1.1.2 高级语言

为了进一步方便编程，人们开发了更加接近人类自然语言习惯的高级语言，程序使用更有意义和容易理解的语句，使程序更容易描述具体的事物与过程，编程效率大大提高。例如，仍然是将 100 与 200 相加，其高级语言可描述如下。

```
100+200
```

高级语言与计算机的硬件结构及指令系统无关，有更强的表达能力，可方便地表示数据的运算和程序的控制结构，能更好地描述各种算法，而且容易学习掌握。但用高级语言编译生成的程序代码一般比用汇编语言设计的程序代码要长，执行的速度也慢。

与汇编语言相比较，高级语言不但将许多相关的机器指令合成为单条指令，并且去掉了与具体操作有关，但与完成工作无关的细节，如使用堆栈、寄存器等，这大大简化了程序中的指令。同时，由于省略了很多细节，编程者也就不需要具备太多的专业知识。

使用高级语言编写的程序，需要相应的编译器翻译成机器语言程序才可执行。

1.1.3 面向过程与面向对象的程序设计语言

早期的计算机主要用于数值计算，其软件设计的主要工作是设计计算方法或解决问题的过程，因此早期的高级程序设计语言是一种面向过程的程序语言。随着计算机应用的日渐普及，人们需要利用计算机来解决更为复杂的问题，相应的程序软件也更加庞大，许多大型软件的开发遇到了严重的困难。20 世纪 60 年代产生的结构化程序设计方法为上述困难提供了较好的解决手段。

结构化程序设计方法的基本思想是：对要解决的整个问题采用自顶向下、分而治之、逐步求精的方法分解模块化功能。其程序结构按功能划分为若干基本模块，各模块功能尽可能地简单并且相对独立。每一个模块内部均是由顺序、选择和循环 3 种基本结构组成。在结构化计算机程序中，各模块以子程序或函数的方式设计，各模块之间的联系通过子程序或函数间的相互调用实现。

结构化程序设计方法将复杂的系统分解成易于实现和控制的子任务，显著减少了软件开发的复杂性，提高了软件的可靠性、可测试性和可维护性。结构化程序设计方法的一系列优点使得高级程序设计语言获得了更为广泛的应用，先后出现了 BASIC、ALGOL、COBOL、Pascal、Ada 和 C 语言，其中应用最为广泛、影响最大的是 C 语言。

结构化程序设计方法是面向过程的，其程序特点是描述问题的数据与解决问题的过程（数据处理的方法）相互独立，当数据结构改变时，所有相关的处理过程都要进行相应的修改。同时，由于图形界面的应用，使得软件开发过程越来越复杂，从而催生了面向对象的程序设计方法

（Object Oriented Program，OOP）。

面向对象程序设计方法的基本思想是：将描述问题的数据与解决问题的方法封装成一个不可分离的整体——对象。在面向对象的程序设计方法中，一个问题用一个对象来表示，对象内部包含了描述问题的数据以及对这些数据操作的方法。程序设计时，抽象出同类型对象的共性，形成类。类是抽象的“概念”，对象是类的实例。

正如结构化程序设计方法对计算机技术应用产生的巨大影响和促进那样，OOP方法更加强烈地影响、推动和促进计算机技术应用的更大发展。1986年在美国举行了首届“面向对象编程、系统、语言和应用（OOPSLA）”国际会议，使面向对象受到世人瞩目。现在，除了一些纯粹的面向对象的程序设计语言，如Smalltalk、Java等外，早期的一些高级程序语言也扩展了面向对象的功能。C++就是在C语言基础之上扩展出来的面向对象的程序设计语言。

1.2　C++程序设计语言

1.2.1　C++程序设计语言简介

C++语言是目前应用最为广泛的计算机程序设计语言之一。C++是由C语言扩充、改进而来的。C语言之所以要起名为C，是因为它主要参考B语言，C语言是B语言的进步，所以就起名为C语言。但是B语言并不是因为之前还有个A语言，而是B语言的设计者为了纪念其妻子，设计者妻子名字的第一个字母是B。当C语言发展到顶峰时，出现了一个版本叫C with Class，那就是C++最初的版本，在C语言中增加class关键字和类，那时有很多版本的C都希望在C语言中增加类的概念。后来C标准委员会决定为这个版本的C起个新的名字，在征集了很多名字后，最后以C语言中的++运算符来体现它是C语言的进步，故而叫C++，并成立了C++标准委员会。虽然C++是作为C语言的增强版出现的，就目前学习C++而言，它是一门独立的语言。读者可以完全不学C语言，而直接学习C++。

C++程序设计语言具有下列特点。

（1）C++完全兼容C，具有C语言的“简洁、紧凑、运算符丰富，可直接访问机器的物理地址，使用灵活方便，程序书写形式自由”等特点。大多数的C语言程序代码略做修改或不做修改就可在C++集成环境下运行。

（2）C++作为一种面向对象的程序设计语言，程序的各个模块间更具独立性，可读性更好，代码结构更加合理，设计和编制大型软件更为方便。

（3）用C++语言设计的程序可扩充性更强。

与其他高级程序设计语言一样，C++程序从开始编码到运行需要经过以下步骤。

（1）编辑源程序。可以在普通的文本编辑器（如Windows记事本）或一些专业开发软件（Dev C++、C-Free 等）提供的编辑器中对程序进行编码。由高级语言编写的程序称为源程序。C++源程序默认的扩展名为.cpp。

（2）编译源程序。使用编译程序对源程序进行编译，目的是将高级语言编写的源程序翻译成计算机硬件可以识别的二进制机器指令。源程序经编译后生成扩展名为.obj的目标程序文件。

（3）链接目标程序。用链接器将编译成功的目标程序文件与相应的系统模块链接成扩展名为.exe的可执行程序。

1.2.2 简单的C++程序框架结构

下面通过一个简单程序来了解C++程序的构成。这个程序的功能只是告知计算机显示“Hello World”。

【例1-1】 一个简单的C++程序示例。

```
/* ========================
   C++程序示例
   ======================== */
#include<iostream>                      //A，包含文件
using namespace std;                    //B，使用命名空间 std
int main() {                            //C，主函数
    cout<<"Hello World "<<endl;
    return 0;
}
```

结合上述程序示例，从以下几点粗略地介绍C++程序。

（1）程序注释。注释是程序员为程序所做的说明，是提高程序可读性的一种手段。注释并不是程序的必要部分，与其他高级语言一样，C++编译器在编译时将跳过注释语句，不对其进行处理。因此，无论源程序中有多少注释语句，均不会影响程序编译结果。

C++语言提供了两种程序注释方式：一种是界于符号“/*”和“*/”之间的内容均作为注释信息（如程序中的前三行），另一种是由符号“//”开始直至本行结束的全部内容（例如，程序中的A行、B行和C行）。

（2）文件包含。每个以符号“#”开始的行称为编译预处理指令。例1-1中的A行指令称为文件包含预处理指令。编译预处理是C++组织程序的工具。#include<iostream>的作用是在编译之前将文件iostream的内容插入程序中。iostream是系统提供的一个头文件，其中定义了C++程序输入/输出操作的有关信息，程序必须包含此文件才能进行输入/输出操作。

（3）命名空间。C++标准库中的类和函数是在std中声明的，如需要使用到其中的有关内容，就需要使用命名空间std编译。程序中的B行表示本程序使用系统提供的标准命名空间中的名称标识符。

（4）主函数。程序中的C行定义了一个函数，该函数描述程序的功能。main是函数名，其后紧跟一对圆括号。所有的C++程序有且只有一个main函数，通常称该函数为主函数。main函数是整个程序的入口，任何一个C++程序通常是从其主函数的第一条语句开始执行，执行完主函数的所有语句后，程序将自然结束。实现函数功能的语句序列必须用一对花括号括起来形成一个逻辑整体。

main前面的int表示该函数运行结束后将得到一个整数值，该整数值应该在函数执行结束前用return语句给出。在例1-1程序中，主函数最后一条语句表明，如果程序正常运行结束，将返回一个整数值0。main后的一对圆括号说明main函数运行所需的参数。例1-1中main函数后是一对空圆括号，说明本程序运行时无需提供参数。此时，也可以在圆括号中加void。

（5）信息输入/输出。在C++程序中，标准的输入/输出操作使用关键字cin或cout。

（6）程序语句。基本的C++功能语句都必须以分号结束。

（7）程序编写风格。从语法上讲，C++程序代码编写格式自由，甚至可以将多个语句写在同一行。但为了增加程序的可读性，建议在编写程序时遵守下列规则。

① 每行写一条语句，同一层次的代码左对齐。

② 配对的花括号中，上花括号“{”紧跟在上一行末尾，下花括号“}”单独另起一行，并且缩进层次同配对的上花括号“{”。花括号内的内容缩进在下一层次。

（8）源程序编译运行。编写完源程序后，将源程序文件存储为扩展名为.cpp 的文件（如果在C++编译环境提供的编辑器中编辑源程序，则编译时自动存盘）。

编辑完源程序，还需要通过编译环境进行编译和链接后才能运行程序。上述示例程序运行后输出如下。

```
Hello World
Press any key to continue. . .
```

程序执行结果在最后增加一行输出“Press any key to continue. . .”，这是系统自动添加的，目的是让用户看清屏幕输出内容，并提醒用户按任意键后程序将退出并返回到原编程环境。有些汉化的编译系统会以中文提示用户“按任意键继续. . .”。

通过上面的例子可以看出，一个简单的C++程序结构如下。

```
#include<iostream>
using namespace std;
int main(void) {
    ……
    return 0;
}
```

读者只需要将上面框架结构中的“……”替换为自己需要的功能语句，就可以改写为自己的C++程序了。

需要特别提出的是，因为C++程序代码是大小写敏感的，所以在书写程序时要注意其大小写，如函数名 main 不能写成 Main。同时，程序中语法部分不能出现中文字符（含标点符号）。

1.2.3 标准命名空间

命名空间（又称名字空间、名称空间或名域）的关键字为 namespace。

在 C++中，名称（标识符）可以是符号常量、变量、宏、函数、结构体、枚举类型、类和对象等。为了避免标识符的命名相互冲突，标准 C++引入了命名空间来控制标识符的作用域，不同的命名空间中可以有同名的标识符而不相冲突。

标准 C++库提供的标识符都放在标准命名空间 std 中，使用命名空间 std 有以下几种方法。

（1）利用 using namespace 声明所使用的命名空间。如例 1-1 所示，程序头部使用以下语句。

```
using namespace std;
```

这是最常用的一种声明命名空间的方法，它表明此后程序中的所有系统标识符如果没有特别说明，均来自命名空间 std。

（2）用作用域运算符“::”标明标识符所属的命名空间。例如，例 1-1 程序代码可以改写成下列形式。

```
#include<iostream>
int main(void) {
     std::cout<<"Hello World "<<std::endl;
     return 0;
}
```

由于程序中没有用语句“using namespace std;”声明使用的命名空间，所以程序中使用的每一个系统标识符都必须用 std::说明。例如，程序中的 cout 应改写为 std::cout，endl 应改写为 std::endl。

（3）用 using 声明某个标识符的命名空间。例如，例 1-1 程序代码也可以改写成下列形式。

```
#include<iostream>
using std::cout;                //A
using std::endl;                //B
int main(void) {
    cout<<"Hello World "<<endl;
    return 0;
}
```

上述程序中 A 行和 B 行分别声明了标识符 cout 和 endl 的命名空间，表示程序中使用的标识符 cout 和 endl 均默认为来自命名空间 std。

早期的 C++标准不支持命名空间，因此程序中不需要声明使用的命名空间。C++早期的头文件都带扩展名“.h”，新版本为了与老版本兼容，也附带了这些头文件。如果用早期的头文件，例 1-1 也可以写成如下形式。

```
#include<iostream.h>
int main(void) {
    cout<<"Hello World "<<endl;
    return 0;
}
```

上述程序中使用了老版本带扩展名的头文件，因而不需要再声明命名空间。

1.3 习　题

1. C++程序中有几种注释方法？
2. 仿照例 1-1，设计一个程序，输出自己的学号、姓名、家庭住址等信息。

第2章 C++语言编程基础

学习C++语言编程，首先需要掌握其基础知识。本章将详细介绍C++语言基础，包括基本数据类型、变量和常量、运算符和表达式、流程控制语句，最后介绍简单的输入/输出方法。

2.1 C++语言数据类型

具有丰富的数据类型是C++语言的特点之一，这使得C++语言可以处理各种不同的数据。C++语言的数据类型可分为基本数据类型与构造数据类型。基本数据类型是指C++语言已经预定义、不可进一步分割的数据类型，构造数据类型是指由一种或几种数据类型组合而成的数据类型。C++语言的数据类型如图2-1所示。

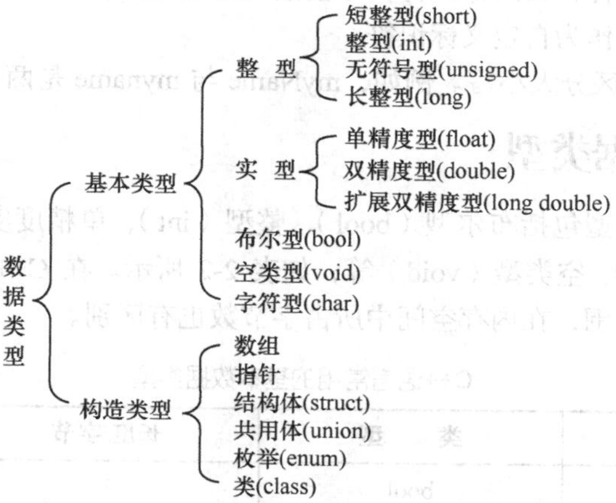

图2-1 C++语言的数据类型

本章介绍基本数据类型，构造数据类型将在后面章节中分别介绍。

2.1.1 标识符

标识符是C++语言中用来表示常量、变量、函数等实体名称的有效字符序列，这里的有效字符是指键盘上除“@”“`”“$”外的所有可显示字符。C++语言标识符有两种：关键字和自定义标识符。

关键字也称保留字，是程序设计语言中约定已具有某种特定含义的标识符，不可以再作为其他用途。表 2-1 列出了 C++语言中常用的关键字。

表 2-1　　C++语言中常用的关键字

int	double	if	for
char	float	else	while
void	const	switch	do
long	short	break	return
this	struct	continue	private
inline	case	union	protected
operator	default	enum	public
virtual	auto	class	friend
static	extern	signed	delete
register	typedef	unsigned	new

自定义标识符是指在编程中，用户根据需要为变量、函数等对象起的名称。作为名称的标识符必须由字母、数字、下画线组成，且不能以数字开头。下面列出的均为合法的自定义标识符：

```
Student_003,Float,str4,_345,year,name
```

下面是不合法的自定义标识符：

```
float,003_Student,-345,$Abs,C++,A.B,π
```

命名自定义标识符时要注意如下几点。

（1）通常使用具有某种含义的标识符，尽量做到见名知义。

（2）不可以将关键字作为自定义标识符。

（3）C++语言中严格区分大小写。例如，myName 与 myname 是两个不同的标识符。

2.1.2　基本数据类型

C++语言基本数据类型包括布尔型（bool）、整型（int）、单精度实型（float）、双精度实型（double）、字符型（char）、空类型（void）等，如表 2-2 所示。在 C++语言中，不同类型的数据具有特定的精度、取值范围，在内存空间中所占字节数也有区别。

表 2-2　　C++语言常用的基本数据类型

名　称		类　型	长度/字节	取 值 范 围
布尔型		bool	1	true 或 false
字符型		char	1	-128～127
整型		int	4	-2^{31}～$2^{31}-1$
实型	单精度	float	4	-3.4×10^{38}～3.4×10^{38}
	双精度	double	8	-1.7×10^{308}～1.7×10^{308}
空类型		void	0	无值

为了更准确地描述数据类型，C++语言还提供了 4 个关键字 short、long、unsigned 和 signed 用来修饰数据类型，相应的基本数据类型如表 2-3 所示。

表 2-3 C++语言中经修饰的基本数据类型

名　　称	类　　型	长度/字节	取 值 范 围
无符号字符型	unsigned char	1	0～255
短整型	short int	2	-32768～32767
长整型	long int	4	-2^{31}～$2^{31}-1$
无符号短整型	unsigned short int	2	0～65535
无符号长整型	unsigned long int	4	0～2^{32}-1
长双精度型	long double	10	-1.7×10^{308}～1.7×10^{308}

有关数据类型的几点说明如下。

（1）数据的类型是对数据的抽象，决定数据所占内存的字节数、数据的取值范围以及其上可进行的操作。程序中使用的所有数据都必定属于某一种数据类型。

（2）布尔型又称逻辑型，有真（true）和假（false）两种状态，用整型值 1（true）和 0（false）参与运算。

（3）整数类型的数据，第一位为符号位，0 表示正数，1 表示负数，其余各位用于表示数值本身。无符号整型数据只能表示非负数，没有符号位。

（4）字符型数据按 ASCII 码存储，可以像整型数据一样参与运算。

（5）实型数据均为有符号数据，不可以用 unsigned 修饰。

（6）空类型又称无值型、空值型，意为未知类型，可以用于函数的形参、函数类型、指针等，但不能说明空类型的变量。

2.2 常　量

常量是指在程序运行中，其值不能被改变的量，包括字面常量和符号常量两种。字面常量又包括整型常量、实型常量、字符型常量、字符串常量，在程序运行时，字面常量直接参与运算，不占用内存存储空间。

2.2.1 整型常量

C++中的整型常量有十进制（D）、八进制（Q）、十六进制（H）3 种形式。默认为十进制常量，八进制常量以“0”开头，十六进制常量以“0x”或“0X”开头。例如：

```
23,+74,-18,0123,-057,0,-0x5a,0X94BC
```

还可以加后缀“L”（或“l”）和“U”（或“u”）表示长整型数或无符号型整数常量，如 0X94BCL，23l，0123U，0u 等。

2.2.2 实型常量

实型常量又称浮点小数。在 C++中实型常量只使用十进制表示，有两种表示形式：一般形式和指数形式。

用一般形式表示时，整数和小数间用小数点隔开，加后缀“F”（或“f”）表示 float 型常量，默认为 double 型常量，也可以用“L”（或“l”）表示长双精度型实型常量。例如：

```
16.3,-13.5f,.34, 62.,-76.43L,93.88F
```

指数形式表示由尾数和指数两部分组成，中间用“E”（或“e”）隔开，其中指数部分只能是十进制整数。例如，0.573E+2 表示 0.573×10^2，-34.9E-3 表示 -34.9×10^{-3}，1e4 表示 1×10^4，.3e1 表示 0.3×10^1。当以指数形式表示一个实数时，指数部分不可以省略，且应为整数，尾数的整数部分和小数部分可以省略其一，但不能都省略。例如，.263E-1 和 68.E2 都是正确的，而 E-6、5e、42e5.5 等都是错误的。

2.2.3 字符型常量

字符型常量简称字符常量，是用单引号括起来的一个字符，在内存中用 ASCII 码形式存储，占一字节，分普通字符型常量和转义字符型常量。如'a'、'8'、'?'、'$'、' '等都是普通字符型常量，其中最后一个为空格字符常量。

转义字符型常量用来表示一些不可显示，也无法通过键盘输入的特殊字符，如响铃、换行、制表符等。转义字符以“\”开头，后面跟表示特殊含义的字符序列。表 2-4 列出了常用的转义字符。

表 2-4　常用的转义字符

字符形式	含义
'\n'	换行
'\a'	响铃
'\t'	水平制表符（横向跳格，相当于 Tab 键）
'\v'	竖向跳格
'\0'	空字符
'\\'	反斜杠\
'\''	单引号'
'\"'	双引号"
'\ddd'	1～3 位八进制数
'\xdd'	1～2 位十六进制数

表 2-4 中最后两行是所有字符的通用表示方法，即可用八进制数或十六进制数表示，其值转换成十进制数必须在 0～255。例如，'\160'、'\x70'都表示字符'p'，这里的 160 是八进制数，x70 为十六进制数，转换成十进制数为 112，不超过 255。

2.2.4 字符串常量

字符串常量是用双引号括起来的若干字符，简称字符串。例如：

```
"We are studends. ","0234","-546.5UL","re\x70\t67\160\n0\0"
```

字符串中所含有效字符的个数称为字符串的长度，如字符串"I am a student."的长度为 15，字符串"0234"的长度为 4，字符串"-546.5UL"的长度为 8，字符串"re\x70\t67\160\n0\0"的长度为 9。

字符串常量在内存中是按顺序逐个存储串中字符的 ASCII 码，通常占用长度加 1 字节的内存空间，这是因为 C++语言用特殊字符'\0'作为字符串结束符。'\0'为空字符，ASCII 码值为 0。例如，"A"占 2 字节，而'A'只占 1 字节。

2.2.5　符号常量

符号常量是一个标识符，对应一个存储空间，该空间中保存的数据就是该符号常量的值。例如，保留字中的 true 和 false 就是系统预先定义的两个符号常量，它们的值分别为 1 和 0。C++语言提供了两种声明符号常量的方法。

1. 用#define 声明符号常量

其一般格式如下。

#define　标识符　常量值

这里的标识符又称为宏名，用来表示常量名，常量值可以是上面介绍的各种类型。例如：

```
#define  PI  3.1415926                    //用标识符 PI 表示数 3.1415926
#define  SS "We are students."            //用标识符 SS 表示字符串"We are students."
```

2. 用 const 声明符号常量

其一般格式如下。

const　数据类型　常量名=常量值;

或

const　数据类型　常量名(常量值);

其中数据类型可以是任何一种 C++数据类型，且位置可以与保留字 const 互换，“=”称为赋值号，完成赋值操作。例如：

```
const  float  PI=3.1415926;               //定义实型常量 PI，其值为 3.1415926
char  const  c='\160';                    //定义字符型常量 c，其值为'p'
```

2.3　变　　量

在程序运行过程中值可以改变的量称为变量。一个变量有一个名称，其本质是在内存中分配一块存储空间，用以存储数据。

2.3.1　变量的定义

在 C++语言中，使用变量前必须先定义变量，告知系统需要分配的空间和确定该变量能进行的操作。定义变量的格式如下。

数据类型　变量名 1，变量名 2，…，变量名 n;

例如：

```
int  x, y, z;                //定义 3 个整型变量 x、y、z
float  value;                //定义一个实型变量 value
char  s;                     //定义一个字符型变量 s
```

2.3.2 变量的初始化

在定义变量的同时给变量赋初值称为初始化，可以在定义变量时直接赋初值，其一般格式如下。

数据类型 变量名=常量值;

或

数据类型 变量名(常量值);

也可以定义变量后再用赋值号给变量赋值。例如：

```
int  x=1,y,z(3);          //定义 3 个整型变量 x、y、z，并给 x 和 z 赋初始值
y=4;                      //给变量 y 赋值
z=x;                      //将变量 x 的值赋给变量 z，此时 z 的值与 x 的值相同
```

2.3.3 指针变量

C++语言源程序经过编译系统处理后，每一个变量在程序执行前将分配在内存指定的位置上，程序执行时，按变量名对应的内存地址处理相应的数据，这种按变量的地址直接存取变量的方法称为直接访问方式。存储变量的内存空间的首地址称为该变量的地址。

如果将一个变量的地址放在另一个变量中，则存放地址的变量称为指针型变量，简称指针变量。这时存取变量，也可以间接地由指针变量取得该变量的地址进行，称为间接访问方式。定义指针变量的一般格式如下。

数据类型 *变量名 1, *变量名 2, …, *变量名 n;

在这里，“*”号是一个标志，表示定义的变量是一个指针变量，以表示与一般变量的区别。例如：

```
int  *p,*q;            //定义两个整型指针变量 p 和 q
float  *s;             //定义一个实型指针变量 s
```

由于指针变量中的值是另一个变量的地址，习惯上形象地称指针变量指向某变量。指针变量中的值也简称为指针，所以指针就是地址。例如：

```
char  a='5';
char  *r=&a;
```

这里“&”为取地址运算符，表示将字符变量 a 的地址赋给字符指针变量 r，也称 r 指向 a。

指针变量中存放的是某种类型数据的地址，C++语言中任何类型的地址均占 4 字节。需要注意的是，指针变量的类型与其指向的数据的类型必须相同。

如果将一个指针变量的地址再放在另一个变量中，则该变量称为二级指针变量。定义二级指针变量的一般格式如下。

数据类型 **变量名 1, **变量名 2, …, **变量名 n;

在这里，“**”号同样起到标志的作用。例如：

```
char  a='5';
char  *r=&a;             //r 为一级指针
char  **q=&r;            //定义二级指针变量 q,指向指针变量 r
```

2.3.4 引用变量

在程序编写过程中，有时需要为某个变量起多个名称，此时可采用引用型变量，简称引用变量。引用就是给变量起个别名。定义引用变量的一般格式如下。

数据类型 &引用名=变量名;

其中，符号“&”标志所定义的变量是一个引用变量。例如：

```
int  solution;
int  &result=solution;           //将 result 定义为 solution 的别名
result=5;                        //将 result 赋值为 5，solution 的值也是 5
```

定义引用变量时，必须对其初始化，且变量名必须是已经定义的，并与引用的类型相同，即赋值号以及后面部分不可缺少，以说明是为哪个变量起别名。注意引用标志符号与取地址运算符的区别。

2.4 C++语言的基本语句

一个 C++语言的程序可由若干源程序文件组成，一个源程序文件可由若干函数组成，一个函数可由若干条语句组成。语句是 C++语言程序中最小的独立单位，相当于自然语言一篇文章中的一个句子。按照其功能，语句可以分为：用于描述计算机要执行操作运算的语句和控制上述操作运算执行顺序的语句两类，前一类称为操作运算语句，后一类称为流程控制语句。具体地，C++语言的操作运算语句有声明语句、表达式语句、空语句、复合语句几种。在 C++语言中使用分号表示一条语句结束。

2.4.1 声明语句

声明语句是指对某种类型的变量、函数原型、结构体、类等的说明。例如：

```
int  a=2;                        //声明一个变量
void  fun(int x,float y);        //声明一个函数
```

2.4.2 表达式语句

在表达式后加上分号，就构成了一条表达式语句。它的作用是执行表达式的计算。例如：

```
a=a*2;                           //算术表达式语句
a++;                             //后置自增表达式语句
```

2.4.3 空语句

仅由分号组成的语句称为空语句，它不执行任何动作，通常用在语法上需要语句，但又没有任何操作要做的地方。

2.4.4 复合语句

复合语句又称块语句，是用一对花括号将一条或多条语句括起来组成的。例如：

```
{
  char ch='3';
  cout<<ch<<'\n';
}
```

在复合语句中声明的变量，只在复合语句内部有效。复合语句在结构上被看成是单条语句，用在需要用多条语句描述某个问题，但语法上只能是一条语句的地方。

2.4.5 基本输入/输出语句

数据的输入/输出在程序设计中是必不可少的。在 C++语言中，数据的输入/输出都由预定义的库函数或对象来完成。在 C++语言标准类 iostream 中包含标准输入流对象 cin 和标准输出流对象 cout，分别用来实现从键盘上读取数据，以及将数据在屏幕上输出。当使用 C++语言的标准输入/输出时，程序应包含头文件 iostream。

1. C++的输入

C++的输入是由 cin 配合使用提取操作符 “>>” 实现的。一般格式如下。

```
cin>>变量 1>>变量 2>>…>>变量 n;
```

例如：

```
int  x;                              //定义整型变量 x
float  y;                            //定义实型变量 y
char  c;                             //定义字符型变量 c
cin>>x>>y>>c;        //依次输入一个整型、实型和字符型数据，分别存入变量 x、y、c 中
```

输入数据时用空格、水平制表符（Tab）或回车符作为分隔，最后以回车符确认。若执行上述语句时输入以下数据（其中↙表示输入回车符）：

```
8   12.5   g↙
```

则变量 x 的值为整数 8，变量 y 的值为实数 12.5，变量 c 的值为字符'g'。

输入数据的类型应该与变量的类型一致，否则变量赋值会出现异常。如果执行上述语句时输入以下数据：

```
12.5   8   g↙
```

则变量 x 的值为整数 12，变量 y 的值为实数 0.5，变量 c 的值为字符'8'。

要注意的是空格和回车符也是字符，但用 cin 输入时却不能接收它们，此时可用函数 cin.get 来实现输入。例如：

```
char  ch;            //定义字符型变量 ch
cin.get(ch);         //输入一个字符（可以是空格或回车），存放到变量 ch 中
```

2. C++的输出

C++的输出由 cout 配合使用插入操作符 “<<” 进行。其一般格式如下。

```
cout<<表达式 1<<表达式 2<<…<<表达式 n;
```

例如：

```
int  x=1, y, z(3);
float  value=3.71;
cout<<"x="<<x<<'\n';                       //输出：x=1
```

```
cout<<"value"<<value<<'\t'<<"z"<<z<<endl;   //输出: value3.71   z3
```

双引号中的字符串数据按原样输出，不加引号的 z 是变量，程序根据运行时变量的取值情况输出结果。“endl” 的作用同'\n'，用来控制输出格式，表示换行。

【例 2-1】 编写一个简单程序，计算键盘输入的两个整数的平均值。

程序设计

计算机解决问题时常用变量保存要计算的数据。在 C++程序设计语言中，变量是需要先定义后使用的。同时，C++程序设计语言中的变量是区分类型的。例如，整型变量只能存储整型数据而不能存储实型数据。本例设计两个整型变量 a 和 b，存放从键盘输入的两个整数，另外设计实型变量 c 存放它们的和。

源程序代码

```
#include<iostream>
using namespace std;
int main(void) {
    int  a, b;                  //定义整型变量 a 和 b
    float  c;                   //定义整型变量 c
    cout<<"请输入两个整数: ";
    cin>>a>>b;
    c=(a+b)/2.0;
    cout<<"c="<<c<<endl;
    return 0;
}
```

程序运行结果（带下画线的数据表示键盘输入）

```
请输入两个整数: 1  2↙
c=1.5
```

2.5 运算符与表达式

在 C++语言中，对常量或变量进行运算或处理的符号称为运算符，参与运算的变量或常量对象称为操作数。常用的运算符包括算术运算符、关系运算符、逻辑运算符、赋值运算符等，将变量、常量和运算符按语法规则结合起来就组成了表达式，如算术表达式、关系表达式、逻辑表达式、赋值表达式等。由多种运算符连接起来的式子称为混合表达式。

运算符具有优先级与结合性。当一个表达式包含多个运算符时，先进行优先级高的运算，再进行优先级低的运算。如果表达式中出现了多个相同优先级的运算，运算顺序就要看运算符的结合性了。所谓结合性，是指当一个操作数左右两边的运算符优先级相同时，按什么样的顺序运算，是自左向右，还是自右向左。表达式运算时，应注意每种运算符的优先级和结合性，表 2-5 列出了 C++语言中的运算符及其优先级和结合性。

表 2-5 C++语言中运算符的优先级和结合性

优 先 级	运 算 符	结 合 性
1	::、()、[ ]、.、->、&、++、--	从左向右
2	!、++、--、-（负）、+（正）、(类型)、*、&、sizeof、new、delete	从右向左

续表

优先级	运算符	结合性
3	*、/、%	从左向右
4	+（加）、-（减）	从左向右
5	<<、>>	从左向右
6	<、<=、>、>=	从左向右
7	== !=	从左向右
8	&（位运算）	从左向右
9	^（位运算）	从左向右
10	|（位运算）	从左向右
11	&&	从左向右
12	||	从左向右
13	?:	从右向左
14	=、+=、-=、*=、/=、%=	从右向左
15	,	从左向右

其中优先级数字越小，优先级越高。优先级为 5、8、9、10 中的“<<”“>>”“&”“^”“|”在这里不做介绍。

2.5.1 算术运算符与算术表达式

C++语言的算术运算符包括基本算术运算符：加或正值（+）、减或负值（-）、乘（*）、除（/）、取余（%），以及自增（++）、自减（--）运算符，除正值、负值及自增、自减运算符外，其他运算符均为双目运算符。含算术运算符的表达式称算术表达式。C++语言算术运算符的优先级、目数及结合性见表 2-6。

表 2-6　　C++语言算术运算符的优先级、目数和结合性

优先级	运算符	目数	结合性
1	++（自增）、--（自减）	单目	从右向左
2	-（负）、+（正）	单目	从右向左
3	*（乘）、/（除）、%（取余）	双目	从左向右
4	+（加）、-（减）	双目	从左向右

其中：

（1）除法运算分母不能为零，且当两个操作数均为整数时，除法运算后将舍去小数部分只取整数。例如，5/4 的结果为 1。

（2）取余运算也称求模运算，当两个操作数均为整数，且运算符右边的数不为 0 时，可进行取余运算，结果为两个整数相除后的余数。如果两个整数中有负数，则先用两数绝对值求余，最后结果的符号与被除数相同。例如，6%7 为 6，-7%6 为-1，7%-6 为 1。

（3）自增（++）和自减（--）运算符是单目运算符，++和--运算根据运算符的位置不同分前置和后置两种。无论前置或后置，它们的作用都是将操作数的值增1或减1后，重新写回该操作数在内存中的原有位置。如果变量i原来的值是1，计算表达式i++或++i后，i的值也被改变为2。但是，当自增、自减运算的结果要用于继续参与其他操作时，前置与后置时的情况就完全不同了。所谓前置自增，是指先将变量值自增后再参与表达式的运算，后置自增是指先参与表达式的运算后，变量值再自增。自减运算的含义类似。例如：

```
int x=3, y=3;
cout<<++x<<endl;                    //x的值为4，输出：4
cout<<y--<<endl;                    //y的值为2，输出：3
```

（4）在C++语言中，算术运算应注意数据溢出问题，即运算结果超出对应数据类型的表示范围。编译程序只会对除法运算时除数为常数0的情况提示警告，而对于特别容易溢出的整数的加、减和乘法运算产生溢出的情况，系统不作为错误处理，程序将继续执行并产生错误的计算结果。因此，必须在程序中尽量避免整数溢出问题。

【例 2-2】 写出下列各语句的输出结果。

```
int  x=6;
cout<<-x<<'\t';                              //A
cout<<(1+'a') <<'\t';                        //B
cout<<(5/3-8) <<'\t';                        //C
cout<<(5%3*5/3) <<'\n';                      //D
```

输出结果

```
-6    98    -7    3
```

在例2-2中，整型变量x的值为6，A行输出-x，故输出值为-6。由于字符'a'的ASCII码值为97，故B行输出结果是98。在C行中，5/3的值为1，故输出结果为-7。在D行中，5%3的值为2，乘以5后值为10，10/3的值为整数，故输出结果为3。

2.5.2 赋值运算符与赋值表达式

C++语言中的赋值通过赋值运算符（=）来完成，赋值运算符为双目运算符。带有赋值运算符的表达式称为赋值表达式。其一般格式如下。

变量名=表达式

赋值表达式的意义是将赋值号右边的值送到左边变量对应的存储单元中，“=”号左边只能是变量名，而不能是常量或表达式。例如：

```
int a,b;
a=5;                     //将5赋给变量a
b=a=a-2;                 //将a的值减2后重新赋给a，再将a赋给b
cout<<b;                 //输出：3
8=b;                     //错误。左值不能是常数
a+b=5;                   //错误。左值不能是表达式
```

在C++语言中，由两个运算符组成的运算符称为复合运算符，复合运算符是一个整体，中间不能用空格隔开。C++语言中的赋值运算符除了“=”外，还有“=”与算术运算符组成的复合赋值运算符，部分复合赋值运算符见表2-7。

表 2-7　　　　C++语言中的复合赋值运算符

优先级	运算符	复合赋值运算符表达式	一般表达式	结合性
14	+=（加等于）	x+=a	x=x+a	从右向左
14	-=（减等于）	x-=a	x=x-a	从右向左
14	*=（乘等于）	x*=a	x=x*a	从右向左
14	/=（除等于）	x/=a	x=x/a	从右向左
14	%=（模等于）	x%=a	x=x%a	从右向左

复合赋值运算符的功能是将运算符右边的值与左边变量的值进行相应的算术运算后，再将运算结果赋给左边的变量，必须遵循赋值运算与算术运算双重规则的制约。例如：

```
int  a=6, b=1, c=8;
b*=a+2;                          //相当于 b=b*(a+2)，b 的值为 8
a/= -c%3;                        //相当于 a=a/(-c%3)，a 的值为-3
```

而“c-1+=a/4”是一个错误的表达式，因为复合赋值运算符的左边不是一个变量。

2.5.3　关系运算符和关系表达式

C++语言中的关系运算符都是双目运算符，包括大于（>）、大于等于（>=）、小于（<）、小于等于（<=）、等于（==）和不等于（！=），见表 2-8。

表 2-8　　　　C++语言中关系运算符的优先级及其结合性

优 先 级	运 算 符	结 合 性
6	>（大于）、>=（大于等于）、<（小于）、<=（小于等于）	从左向右
7	==（等于）、!=（不等于）	从左向右

用关系运算符将两个表达式连接起来的式子，称为关系表达式。例如，4>5、5!=4、8>2、(5!=4)==(8>=2)都是关系表达式。

关系运算符完成两个操作数大小的比较，结果为逻辑值真（true）或假（false）。因为在 C++中，这两个逻辑值与整数之间有对应关系，真对应 1，假对应 0。所以关系运算的结果可以作为整数参与算术运算、关系运算、逻辑运算及其他运算。例如：

```
int  a=4>5;                      //相当于“int  a=(4>5);”，a 的值为 0
int  b=(5!=4)==(8>=2);           //相当于“int  b=((5!=4)==(8>=2));”，b 的值为 1
```

要特别注意等于运算符（==）与赋值运算符（=）的区别。当比较两个表达式的值时，要用等于运算符（==），而不能用赋值运算符（=）。例如：

```
int  a=3==8, b=4,c;              //相当于“int  a=(3==8), b=4;”，a 的值为 0，b 的值为 4
c=a+4==b;                        //相当于“c=(a+4==b);”，c 的值为 1
```

2.5.4　逻辑运算符和逻辑表达式

逻辑运算符包括逻辑非（!）、逻辑与（&&）和逻辑或（||）。其中“!”是单目运算符，“&&”和“||”是双目运算符。在逻辑运算中，所有非零值都表示逻辑真（true），0 表示逻辑假（false）。

逻辑运算符及其逻辑运算的真值分别见表 2-9 和表 2-10。

表 2-9 C++逻辑运算符的优先级及其目数、结合性

优先级	运算符	目数	结合性
2	!（逻辑非）	单目	从右向左
11	&&（逻辑与）	双目	从左向右
12	||（逻辑或）	双目	从左向右

表 2-10 C++逻辑运算真值表

a	b	!a	!b	a&&b	a||b
非 0	非 0	0	0	1	1
非 0	0	0	1	0	1
0	非 0	1	0	0	1
0	0	1	1	0	0

逻辑表达式是运算符为逻辑运算符的表达式，其结果只能为 true（1）或 false（0）。例如：

```
5&&'A'                    //值为真
(3<9) && (2==1)           //值为假
(3<9) ||(2==1)            //值为真
(3>9) ||(2==1)            //值为假
```

值得注意的是，C++对逻辑运算进行了优化，即一旦逻辑表达式的值能够确定，运算将不再继续进行。

【例 2-3】 设已定义变量 a 和 b，其值分别为 4 和 7，写出下列各语句的输出结果，并说明语句执行后，变量 a 和 b 的值。

```
cout<<((b=5)||(a=6))<<endl;            //A
cout<<(a=(a-4)&&(b=1))<<endl;          //B
```

在例 2-3 的 A 行，先执行 b=5，b 的值变为 5，为真，此时 a=6 将不执行，因此 a 的值仍为 4。输出结果为 1。在 B 行中，先进行（a-4）&&（b=1）的运算，由于 a-4 的值为 0，进行&&运算时，与操作数（b=1）无关，因而（a-4）&&（b=1）的值为 0，故 a 的值为 0，所以输出结果为 0。此时，因为 b=1 同样不执行，所以 b 的值还是 5。

2.5.5 其他运算符及表达式

除了上述的运算符外，C++语言还提供了其他多种运算符，如求字节大小运算符（sizeof）、条件运算符（?:）、地址运算符（&）、指针运算符（*），以及逗号运算符（,）等。由这些运算符与操作数连接起来的式子构成相应的表达式。

1. sizeof 运算符

C++中提供的 sizeof 运算符是单目运算符，优先级较高，用来确定某种数据类型所占的空间大小。其一般格式如下。

sizeof(类型名)

或

```
sizeof(表达式)
```

例如：

```
cout<<sizeof(char);            //输出 1
cout<<sizeof('A'+5);           //输出 4
cout<<sizeof(4.0+2);           //输出 8
```

2. 条件运算符

条件运算符（?:）是C++语言中唯一的三目运算符，优先级较低，仅高于赋值运算符和逗号运算符。其一般格式如下。

```
表达式 1? 表达式 2: 表达式 3
```

当表达式 1 的值为真时，整个表达式的值为表达式 2 的值，表达式 3 不运算；否则运算结果为表达式 3 的值，表达式 2 不运算。例如：

```
int  x=1, y(3), z;
z=x>y?++x:y++;
cout<<x<<'\t'<<y<<'\t'<<z<<endl;          //输出: 1   4   3
```

3. 地址运算符和指针运算符

地址运算符（&）和指针运算符（*）均为单目运算符，优先级较高。其中&运算符为地址运算符，其作用是返回变量的地址值；*运算符为指针运算符（也称间接访问运算符），其作用是求指针变量所指内存空间的值。例如：

```
char  ch='5',*r;                          //A
r=&ch;                                    //B
cout<<*r;                                 //C
*r='7';                                   //D
```

在 A 行，“*” 表示 r 是一个指针变量；B 行将 ch 的地址赋给 r；C 行与 D 行中的 “*r” 为指针变量 r 所指变量 ch 的值，C 行输出字符'5'，D 行相当于 ch='7'。

注意 A 行与 C 行中 “*” 的区别，以及 B 行中 “&” 与引用的区别。

4. 逗号运算符

逗号运算符（,）又称顺序求值运算符，逗号表达式的一般格式如下。

```
表达式 1,表达式 2,…,表达式 n
```

其含义为依次从左到右运算，并将最后一个表达式的值作为整个逗号表达式的值。例如：

```
d=(x=1,3+x,++x);                 //d 的值为 2
```

2.5.6 表达式中数据类型的转换

每个表达式都有确定的结果和确定的类型（结果的类型）。计算表达式的值不仅要考虑构成表达式的运算符的目数、优先级和结合性，还要考虑操作数类型的转换。因为当表达式中多种类型的数据进行混合运算时，首先要进行类型转换。C++的类型转换有自动类型转换和强制类型转换两种。

1. 自动类型转换

自动类型转换又称隐式类型转换。在双目运算中，如果两个操作数的类型不一致，则自动进行类型转换。转换的基本原则是将精度较低的类型向精度较高的类型转换。具体的转换顺序如下。

char→short→int→long→float→double

另外，字符型数据参与运算是用它的 ASCII 码进行的，因而会自动转换成整型数据；实型数据参与运算时会自动转换成双精度型数据。

进行赋值运算时，若左右两边的类型不一致，则将右边操作数转换成左边变量的类型。例如：

```
int  a=1;
float  x=3.5;
a=x;                              //a 的值为 3
cout<<'F'-'B'<<endl;              //输出整数 4
cout<<x+2<<endl;                  //输出双精度型数 5.5
cout<<(a*6+x/2-'1')<<endl;        //输出双精度型数-29.25
```

在执行上述语句时，变量 x 的值不改变。

2. 强制类型转换

强制类型转换也称显式类型转换，是指将一个表达式强制转换为某个指定类型。其一般格式如下。

```
(数据类型名)表达式
```

或

```
数据类型名(表达式)
```

例如：

```
cout<<(int)3.5;                   //输出整数 3
cout<<2/(float)3;                 //输出 0.666667
```

2.5.7 表达式的格式

C++语言中表达式的书写格式不同于一般的数学表达式，除了必须用 C++语言的合法运算符外，表达式中所有的符号必须在同一行上，且表达式中只能用圆括号来指定运算次序。C++表达式与数学表达式的对比情况见表 2-11。

表 2-11 C++语言表达式与数学表达式的对比

数学表达式	C++表达式
$\sqrt{b^2-4ac}$	sqrt(b*b-4*a*c)
$\ln x+10^{-5}$	log(x)+1E-5
$'a'\leqslant x\leqslant 'z'$	'a'<=x&&x<='z'
$\frac{x+2}{\lvert y\rvert}$	(x+2)/fabs(y)

2.6 程序的基本控制结构

程序的控制结构是控制程序中语句执行顺序。任何程序都可以分解成 3 种基本控制结构，分别是顺序结构、选择结构和循环结构。每一种基本结构都由若干模块组成，其中选择结构和循环结构通过流程控制语句实现。流程控制语句的分类如图 2-2 所示。

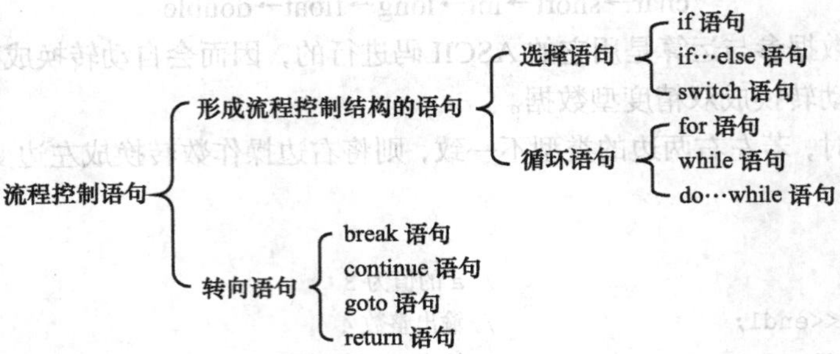

图 2-2 流程控制语句的分类

2.6.1 顺序结构

顺序结构是指程序执行时，按语句块编写顺序从上到下依次执行的结构。例如：

```
int  x=6, y, z;
y=4;
z=x+y;
cout<<z;
```

顺序结构可以用来解决一些简单的问题，其流程如图 2-3 所示。图 2-3 中 a 为程序段的入口，A、B 为实现某种操作的功能块，b 为程序段的出口。

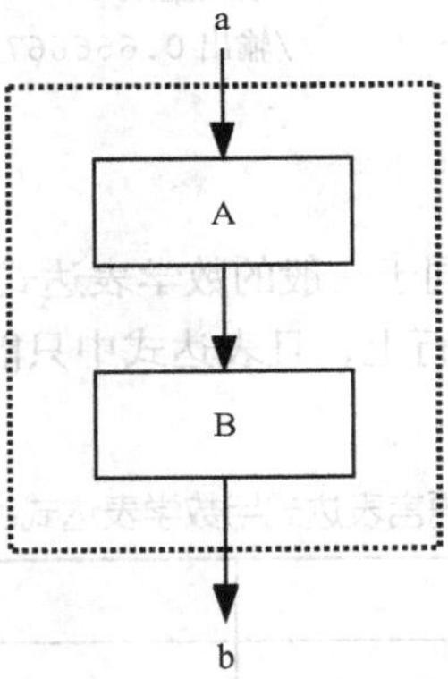

图 2-3 顺序结构流程图

2.6.2 分支结构

现实中很多问题用顺序结构无法解决，如数学中的分段函数，就需要判断后进行选择。选择结构又称分支结构，是指根据给定的条件进行判断，由判断结果再决定执行哪一步操作。C++语言中提供了 3 种设计选择结构的语句，即 if 语句、if…else 语句和 switch 语句。

1. if 语句

if 语句的语法格式如下。

```
if(表达式)语句块;
```

它表示如果表达式为真，则执行语句块；否则跳过此语句块，执行 if 结构下面的其他语句。

其流程如图 2-4 所示。

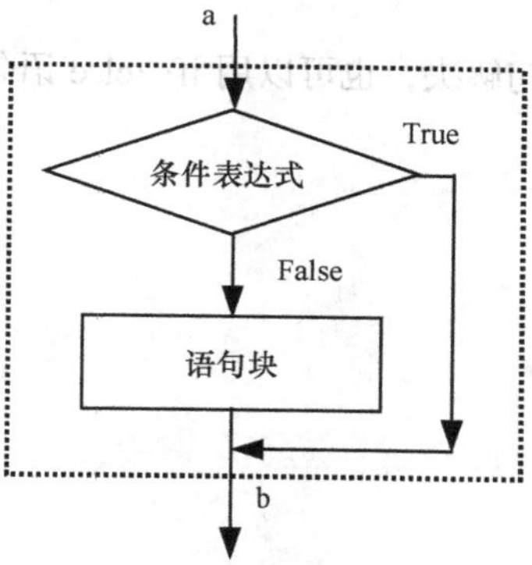

图 2-4　if 语句流程图

【例 2-4】 编程求一个整数的绝对值。

程序设计

定义一个整型变量，从键盘上为该变量输入一个值，若变量的值为负，则绝对值为其相反数。

源程序代码

```
#include<iostream>
using namespace std;
int main() {
    int a;
    cin>>a;
    if(a<0)a=-a;
    cout<<a<<endl;
    return 0;
}
```

2. if…else 语句

if…else 语句又称双分支选择语句，其语法格式如下。

if(表达式)语句块 A;
else 语句块 B;

它表示如果表达式为真，则执行语句块 A；否则执行语句块 B。其流程如图 2-5 所示。

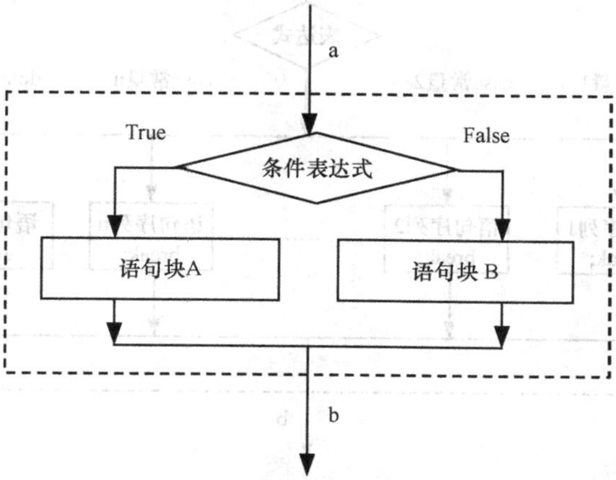

图 2-5　if…else 语句流程图

【例 2-5】 用 if…else 语句编程求一个整数的绝对值。

程序设计

同样的问题，既可以用 if 语句解决，也可以用 if…else 语句完成，此时需要用两个输出语句实现。

源程序代码

```
#include<iostream>
using namespace std;
int  main(){
     int a;
     cin>>a;
     if(a<0)cout<<-a;
     else cout<<a;
     cout<<endl;
     return 0;
}
```

3. switch 语句

switch 语句也称多分支选择语句，或称开关语句。其语法格式如下。

```
switch(表达式){
     case 常量表达式 1: 语句序列 1; break;
     case 常量表达式 2: 语句序列 2; break;
      ……
     case 常量表达式 n: 语句序列 n; break;
     default: 语句序列 n+1;
}
```

它的含义为：先计算 switch 后面表达式的值并与各 case 后面的常量表达式的值比较，如果与第 i（1≤i≤n）个常量表达式的值相等，则执行语句序列 i，i+1，…，n+1，直到遇到 break 语句，跳出 switch 结构，继续向下执行 switch 语句后面的程序；如果不与任何一个常量表达式相等，则执行语句序列 n+1 后跳出 switch 结构，继续向下执行 switch 语句后面的程序。其流程如图 2-6 所示。

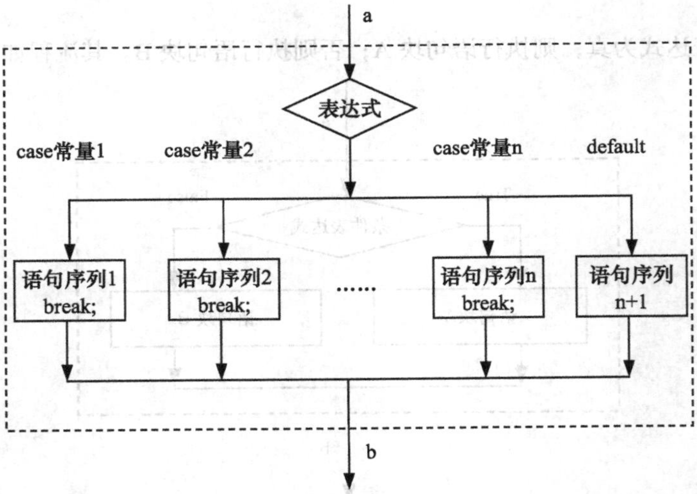

图 2-6　switch 语句流程图

在switch后面的表达式及各常量表达式的值都只能是整型、字符型或枚举类型，且每个常量表达式的值必须互不相同。

【例2-6】 编写程序，根据输入的学生成绩，给出相应的等级。假设90分以上为A，80～89分为B，70～79分为C，60～69分为D，60分以下为E。

程序设计

本题程序可以用if…else语句，也可以用switch语句编写，但一般情况下对于多种情况分类，用if…else语句容易引起逻辑上的错误，而用switch语句可更清楚地表示各语句逻辑上的关系，故采用switch语句编写。设用score变量表示学生成绩，由于switch语句不能表示数值的范围，因而需要做一定的处理，将取值范围转换成确定的值，这里利用整数运算的特性，取score/10。

源程序代码

```
#include<iostream>
using namespace std;
int main() {
     int  score;
     cin>>score;
     switch(score/10){
          case 10:
          case 9:cout<<'A'<<'\n';break;
          case 8:cout<<'B'<<'\n';break;
          case 7:cout<<'C'<<'\n';break;
          case 6:cout<<'D'<<'\n';break;
          default:cout<<'E'<<'\n';
     }
     return 0;
}
```

switch结构中的break语句不是必须的，它的作用是结束switch结构。如果某个case分支下的语句中不包括break语句，则将继续执行该分支的下一个分支，不需要判断新条件。同时，switch结构中的default可以放在switch中的任何位置，也可以省略。当switch语句中没有default分支，且匹配失败时，将不执行任何分支。

【例2-7】 设grade表示学生成绩，根据输入值分析下列程序的输出结果。

```
#include<iostream>
using namespace std;
int  main() {
     int  grade;
     cin>>grade;
     switch(grade/10){
          case 10:
          case 9:
          case 8:
          case 7:
          case 6:cout<<"通过"<<'\n';break;
          default:cout<<"不通过"<<'\n';
     }
     return 0;
}
```

在例2-7程序执行过程中，由于case 10、case 9、case 8、case 7后面都是空语句，且没有break语句，故若输入大于等于60的整数，则输出“通过”，否则输出“不通过”。

4. 选择语句的嵌套

根据求解问题的需要，编程时在 if 语句中可以嵌套 if 语句、if…else 语句，还可以嵌套 switch 语句。同样在 switch 语句中也可以嵌套 if 语句、if…else 语句和 switch 语句；在 if…else 语句中嵌套 if 语句、if…else 语句和 switch 语句。这称为选择语句的嵌套。

【例 2-8】 从键盘输入一个字符，判断其类型。假设字符分为控制字符（ASCII 码小于 32 的字符）、大写字母、小写字母、数字字符和其他字符 5 类。

程序设计

为了在输入时能包括如空格、换行符等字符，这里用 cin.get()函数输入一个字符变量。由于字符在内存中是以 ASCII 码的形式存储的，故对于输入的字符，若其 ASCII 码值小于 32，则是控制字符，否则看其是否为大写字母，若其 ASCII 码值大于等于字符'A'的 ASCII 码值，且小于等于字符'Z'的 ASCII 码值，则该字符为大写字母。小写字母及数字字符类似。

源程序代码

```
#include<iostream>
using namespace std;
int  main(){
     char  c;
     cin.get(c);
     if(c<32)cout<<"这是一个控制字符。"<<endl;
     else if(c>='A'&&c<='Z')cout<<"这是大写字母。"<<endl;
        else if(c>='a'&&c<='z')cout<<"这是小写字母。"<<endl;
          else if(c>='0'&&c<='9')cout<<"这是一个数字字符。"<<endl;
            else cout<<"这是一个其他字符。"<<endl;
     return 0;
}
```

需要注意的是，在 if…else 语句中，只能在 if 后面加条件，切不可将条件加到 else 后面，并且每个 else 必须跟唯一一个 if 配对，配对的方法是与在它上方同一个块中离它最近，且没有配对过的 if 配对。

【例 2-9】 编写程序完成两个数的四则运算。

程序设计

因为本题需要按输入的运算符确定具体的四则运算，是多选择问题，所以采用 switch 语句实现。但由于除法运算分母不能为 0，故需要用选择语句判断。

源程序代码

```
#include<iostream>
using namespace std;
int  main(){
    float a,b;
    char ch;
    cout<<"请输入表达式(如 a+b 的形式):";
    cin>>a>>ch>>b;
    switch(ch){
        case  '+':cout<<a<<'+'<<b<<'='<<a+b<<'\n';break;
        case  '-':cout<<a<<'-'<<b<<'='<<a-b<<'\n';break;
        case  '*':cout<<a<<'*'<<b<<'='<<a*b<<'\n';break;
        case  '/':
            if(b==0)cout<<"分母不能为零!"<<'\n';
            else cout<<a<<'/'<<b<<'='<<a/b<<'\n';
```

```
            break;
        default:  cout<<"表达式错误!"<<'\n';
    }
    return 0;
}
```

2.6.3 循环结构

在程序设计中，常常需要根据条件重复执行一些操作，这种重复执行的过程称为循环。C++中有 3 种循环语句，分别是 while 语句、do…while 语句和 for 语句。

1. while 语句

while 语句属于当型循环，语法格式如下。

```
while(条件表达式)
    循环体;
```

其含义为当条件表达式的值为真时，执行循环体，直至条件表达式的值是假为止。其中，条件表达式可以是任何合法的表达式，称为循环控制条件；循环体可以是单语句、复合语句，也可以是空语句。其流程如图 2-7 所示。

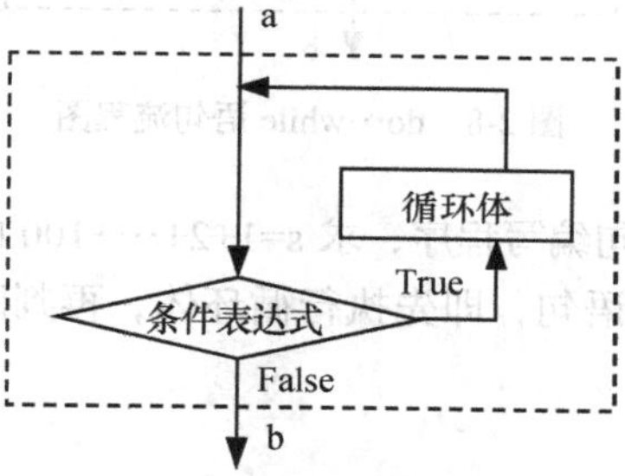

图 2-7　while 语句流程图

【例 2-10】 编写程序，求 s=1+2+…+100 的值。

程序设计

设置变量 s 存放和，其初始值为 0。本题是将一些数重复地加到和 s 上。这里可设置变量 i，初始值为 1，使其不断增加来控制重复次数，该变量称为循环变量，用 i<=100 作为循环条件。

源程序代码

```
#include<iostream>
using namespace std;
int  main(){
    int  i=1,s=0;
    while(i<=100){                    //A
        s+=i;
        i++;                          //B，改变循环变量
    }
    cout<<s<<endl;
    return 0;
}
```

在执行循环过程中，若循环无法终止，将形成死循环或称无限循环。因此在程序设计时应避

免出现死循环。例如，在上述程序中，将 A 行中的条件表达式改为 1，或将 B 行去掉，由于条件永远成立，因此是死循环。

2. do…while 语句

do…while 语句属于直到型循环，语法格式如下。

```
do{
  循环体;
}while(条件表达式);
```

其含义为首先执行循环体，然后计算条件表达式的值，当条件表达式的值为真时，继续执行循环体，直至表达式的值是假为止。其流程如图 2-8 所示。

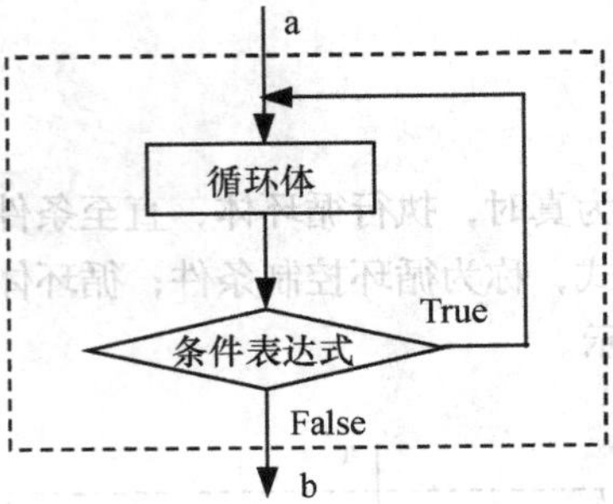

图 2-8　do…while 语句流程图

【例 2-11】 用 do…while 语句编写程序，求 s=1+2+…+100 的值。

程序设计　改用 do…while 语句，即先执行循环体，再判断循环条件，即循环体至少执行一次。

源程序代码

```
#include<iostream>
using namespace std;
int  main(){
     int  i=1,s=0;
     do{
        s+=i;
        i++;
     }while(i<=100);
     cout<<s<<endl;
     return 0;
}
```

在本例程序中，循环体是一个由两条语句组成的复合语句，也可以改为一条语句实现。

```
do{
     s+=i++;
}while(i<=100);
```

使用循环语句时，需仔细考虑循环的边界条件。例如，将本例程序中的自增语句改成前置，或放到循环条件上，程序又应该如何写呢?

3. for 语句

for 语句的语法格式如下。

```
for(表达式 1; 表达式 2; 表达式 3)
    循环体;
```

其执行过程如下。

步骤 1：执行表达式 1。

步骤 2：判断表达式 2 的值，若为真，则执行循环体，转步骤 3；否则循环结束。

步骤 3：执行表达式 3，转步骤 2。

在 for 语句中，3 个表达式都可以是任何合法的表达式，也可以是空表达式，表达式 1 和表达式 3 为空表示不做任何操作，表达式 2 为空表示条件恒成立。其流程如图 2-9 所示。

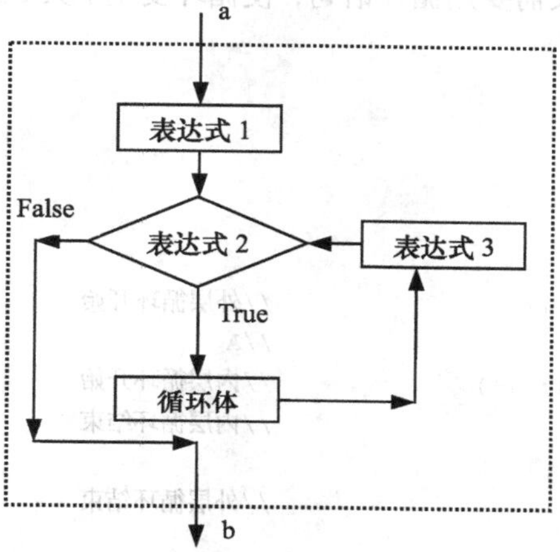

图 2-9 for 循环流程图

【例 2-12】 用 for 语句编写程序，求 s=1+2+…+100 的值。

程序设计 根据 for 语句的执行过程，表达式 1 可以初始化变量，表达式 2 用来作循环条件，表达式 3 用于修改循环变量。

源程序代码

```
#include<iostream>
using namespace std;
int  main(){
     int i,s=0;
     for(i=1;i<=100;i++)
         s+=i;
     cout<<s<<endl;
     return 0;
}
```

本题中同样可以将自增语句放到循环体中，此时 for 语句中的表达 3 为空。

```
for(i=1;i<=100;){
     s+=i;
     i++;
}
```

实际上，3 种循环语句的使用是可以相互转换的，在使用时要注意各语句的执行过程，变量初始值、循环结束条件，以及哪些语句应该参与循环。无论使用哪种循环语句，都必须严格按照语法格式来写。

一般说来，当循环条件表达式中变量的初值已知时，选用 for 语句和 while 语句较多，而变量的值需在循环体中求得的情况下，多选用 do…while 语句。

4. 循环语句的嵌套

一个循环语句的循环体中可以包含另一个循环语句，称为循环语句的嵌套，也称为多重循环。另外，循环语句与选择语句还可以相互嵌套。

【例 2-13】 编程计算 s=1!+2!+…+10!的值。

程序设计

本题首先需要用循环语句求 10 个值的和，其中每个值是一个阶乘，也就是要对每个循环变量 i（1≤i≤10）计算 i!。为此又需要用循环语句，使循环变量 j 从 1 到 i 做乘法运算，故需要双重循环。

源程序代码

```
#include<iostream>
using namespace std;
int  main(){
     int  i,j,t,s=0;
     for(i=1;i<=10;i++){                   //外层循环开始
          t=1;                             //A
          for(j=1;j<=i;j++)                //内层循环开始
               t=t*j;                      //内层循环结束
          s+=t;
     }                                     //外层循环结束
     cout<<s<<endl;
     return 0;
}
```

程序中外循环用来求 10 个数的和，其中 A 行语句不可放到外层循环之前，这是因为对于每个循环变量 i，i!都应该从初始值 1 开始计算。

本例也可以用单循环来实现，源程序代码如下。

```
#include<iostream>
using namespace std;
int  main(){
     int i,j,t=1,s=0;
     for(i=1;i<=10;i++){
          t=t*i;
          s+=t;
     }
     cout<<s<<endl;
     return 0;
}
```

2.6.4 转向语句

转向语句是用来改变原来执行顺序的语句，通常与循环语句一起使用，包括 break、continue 和 goto 语句。

1. break 语句

break 语句的语法格式如下。

```
break;
```

除了前面在 switch 语句中用于跳出 switch 结构外，break 还可以用在循环语句中，表示跳出循环结构，执行循环语句后面的语句。

【例 2-14】 编写程序，判断一个整数是否为素数。

程序设计

判断整数 n 是否为素数的方法为：用 n 分别除以数 2～n-1（或用 n 分别除以数 2～n/2，或用 n 分别除以数 2～$\sqrt{n}$），若都不能整除，则 n 是素数，否则 n 不是素数。本例用 n 分别除以数 2～n-1 来判断。

源程序代码

```
#include<iostream>
using namespace std;
int  main(){
     int n,k=1;
     cout<<"请输入一个整数:";
     cin>>n;
     for(int i=2;i<=n-1;i++)
          if(n%i==0){
               k=0;
               break;
     }
     if(k)cout<<n<<"是素数!"<<'\n';
     else cout<<n<<"不是素数!"<<'\n';
     return 0;
}
```

在本程序中，k 起到标示的作用，编程时也可以不使用变量 k，直接判断 n 是否为素数。代码如下。

```
for(int i=2;i<=n-1;i++)                    //A
     if(n%i==0)break;
if(i>n-1)cout<<n<<"是素数!"<<'\n';
else cout<<n<<"不是素数!"<<'\n';
```

A 行循环语句或在某个 i（i<=n-1）时，由于 i 是 n 的因子，通过 break 语句结束，此时 n 不是素数，或在循环条件 i<=n-1 不满足（即 i>n-1）时结束，此时 n 是素数。

2. continue 语句

continue 语句的语法格式如下。

```
continue;
```

它的作用是跳过循环体中 continue 后面的语句，即结束本次循环，开始下一次循环。continue 语句只能用在循环语句中。

【例 2-15】 编程求 2～100 的非素数。

程序设计

对 2～100 的每一个数，逐个判断是否为素数，若是则跳过该数判断下一个数，否则输出。这里分别用 i 除以数 2～i/2 来判断 i 是否为素数。

源程序代码

```
#include<iostream>
using namespace std;
```

```
int  main(){
    int i,j,k=0;                                    //变量 k 用来存放素数的个数
    for(i=2;i<=100;i++){
        for(j=2;j<=i/2;j++)                         //判断 i 是否为素数
            if(i%j==0)  break;
        if(j>i/2)                                   //i 是素数
            continue;                               //结束这一次循环
        k++;
        cout<<i<<'\t';
    }
    cout<<'\n';
    cout<<"共有"<<k<<"个非素数."<<'\n';
    return 0;
}
```

当 j>i/2 时，说明所有的 i%j 均不为零，即 i 是素数，此时语句“k++;”与“cout<<i<<'\t';”不执行，故用 continue 语句将它们跳过，进入下一次循环，判断下一个 i。

3. goto 语句

goto 语句又称无条件转向语句，其语法格式如下。

```
goto  label;
……
label:
```

它的作用是将程序控制转移到 label 标号指定的语句处继续执行。标号是由用户自定义的一个标识符。在这里，goto 语句与标号 label 必须在同一个函数中。

由于 goto 语句会破坏程序的结构，使得程序层次不清且不易阅读，故一般不主张使用。

2.7 程序举例

【例 2-16】 编写程序，求一个三角形的面积。

程序设计

定义 3 个变量 a、b、c 分别存放三角形的 3 条边，首先判断 3 个变量是否能构成一个三角形的 3 条边。若能构成三角形，则用求面积公式计算并输出面积，否则输出“不能构成三角形！”。

源程序代码

```
#include<iostream>
#include<cmath>
using namespace std;
int  main(){
    double a,b,c;
    cin>>a>>b>>c;
    if(a+b>c&&b+c>a&&c+a>b){
        double s,area;
        s=(a+b+c)/2;
        area=sqrt(s*(s-a)*(s-b)*(s-c));
        cout<<"三角形的面积为: "<<area<<'\n';
    }
    else cout<<"不能构成三角形! "<<'\n';
```

```
    return 0;
}
```

【例 2-17】 编程求出所有的"水仙花数"。

程序设计

所谓"水仙花数"是指一个 3 位数，其各位数字的立方和恰好等于该数本身。例如 $153=1^3+5^3+3^3$，所以 153 是"水仙花数"。本题可由多种方法实现。

方法 1：穷举出所有 3 位数，对每一个 3 位数，先分别求出其百、十、个位上的数字，再求出各个数字的立方和。最后判断其和与这个 3 位数是否相等。

方法 2：对方法 1 进行改进，其中求各位数字的立方和 s 用循环语句实现，即先将原数 i 用变量 n 保存下来，求出 n 的最后一位数（用取余运算），同时将最后一位数的立方加到和 s 上，并用 n/10 取代 n（去掉这个数的最后一位），重复此过程，直到 n 是 0 为止。最后判断和 s 与 i 是否相等。此方法适用于任何位数的情况。

方法 3：用 3 个变量分别表示 3 位数的百位、十位和个位，利用三重循环嵌套，组合出所有 3 位数，判断由这 3 个数组成的 3 位数与其数字立方和是否相等。

源程序代码

方法 1：

```
#include<iostream>
using namespace std;
int  main(){
     int  i,a,b,c;
     for(i=100;i<=999;i++){
          a=i/100;                          //a 是数 i 的百位数
          b=i/10-a*10;                      //b 是数 i 的十位数
          c=i-b*10-a*100;                   //c 是数 i 的个位数
          if(i==a*a*a+b*b*b+c*c*c)
               cout<<a<<b<<c<<endl;
     }
     return 0;
}
```

方法 2：

```
#include<iostream>
using namespace std;
int  main(){
     int  i,n,k,s;
     for(i=100;i<=999;i++){
          s=0;n=i;
          while(n){
               k=n%10;                  //取出最后一位数
               s+=k*k*k;                //将取出数的立方加到和中
               n/=10;                   //去掉最后一位
          }
          if(i==s)cout<<i<<endl;
     }
     return 0;
}
```

方法 3：

```
#include<iostream>
using namespace std;
int  main(){
    int  i,j,k;
    for(i=1;i<=9;i++)                      //百位数 i
        for(j=0;j<=9;j++)                  //十位数 j
            for(k=0;k<=9;k++)              //个位数 k
                if(i*100+j*10+k==i*i*i+j*j*j+k*k*k)
                     cout<< i*100+j*10+k <<endl;
     return 0;
}
```

【例 2-18】 设计一个程序，求 Fibonacci 数列的前 20 项。要求每行输出 4 项。

Fibonacci 数列是指满足下列条件的数列。

$$f_n = \begin{cases} 1 & n = 1 \\ 1 & n = 2 \\ f_{n-1} + f_{n-2} & n \geqslant 3 \end{cases}$$

程序设计

本题可重复使用 3 个变量 f1、f2 和 f3，迭代出第 3 项至第 20 项，即由 f3=f1+f2，f1=f2，f2=f3 逐步计算出每一项。

源程序代码

```
#include<iostream>
#include <iomanip>                                    //A
using namespace std;
int  main(){
    long  int  f1=1,  f2=1,  f3;
    cout<<setw(12)<<f1<<setw(12)  <<f2 ;              //B，输出前 2 项
    for(int n=3; n<=20;n++){                          //求 3～20 项
           f3=f1+f2;
           cout<<setw(12)<<f3;                        //C，输出新值
           if(n%4==0)  cout<<'\n';                    //每行输出 4 项
           f1=f2;  f2=f3;                             //更新 f1 和 f2，注意赋值次序
      }
    cout <<endl;
    return 0;
}
```

例 2-18 程序中的 B 行及 C 行用函数 setw 设置输出宽度，setw 函数在头文件 iomanip 中，故 A 行不可少。setw(12)表示其后的输出项占 12 字节，右对齐。

【例 2-19】 利用迭代法求 $\sqrt{a}$ 的近似值，要求前后两次求出的根的近似值之差的绝对值小于 10^{-5}。迭代公式为：$x_{n+1} = (x_n + a / x_n)/2$。

程序设计

本程序设计的基本思想为指定一个初始值 x0，依据迭代公式计算出 x1。|x1-x0|< ε（$\varepsilon=10^{-5}$）停止，否则，将 x1 作为 x0，依据迭代公式重新计算出 x1，再比较 x1 与 x0 之差的绝对值。如此继续，直到满足|x1-x0|< ε 为止。

源程序代码

```
#include<iostream>
#include <cmath>
using namespace std;
int  main(){
    float x0,x1,a;
    cout<<"输入一个正数: ";
    cin>>a;
    if(a<0) cout<<a<<"不能开平方! \n";
    else{
         x1=a/2;                          //初始值
         do {
            x0=x1;
          x1=(x0+a/x0)/2;
       }while(fabs(x1-x0)>=1e-5);
       cout<<a<<"的平方根等于: "<<x1<<'\n';
    }
    return 0;
}
```

【例 2-20】 用公式：$\frac{\pi}{4} \approx 1-\frac{1}{3}+\frac{1}{5}-\frac{1}{7}+\cdots$ 求 π 的近似值，要求最后一项的绝对值不大于 10^{-6}。

程序设计

根据公式用循环语句求出每一项，并将其加到和中，循环条件为求出的项大于给定的条件。公式中每项符号与前一项符号相反，循环中通过 k*=-1 实现每项符号的变换。每项分母比前一项分母大 2，每次循环分母加 2。最后计算 π 的值。

源程序代码

```
#include<iostream>
#include <cmath>
using namespace std;
int  main(){
     double pi=0,fac=1,den=1;        //pi 表示和, fac 表示某一项, den 表示分母
     int k=1;
     while(fabs(fac)>1e-6){
          pi+=fac;
          den+=2;
          k*=-1;
          fac=k/den;
     }
     pi*=4;
     cout<<"π的值为:"<<pi<<endl;
     return 0;
}
```

2.8 习　　题

1. 设有变量 *x*，*y*，*z*，写出下列数学表达式在 C++中的相应形式。

（1）$|x|$　　（2）$2x$　　（3）'a'≤x≤'z'　　（4）$\frac{4}{\sqrt{x^3y^3}}$　　（5）$\tan x$

2. 写出判断某年 x 为闰年的表达式。

3. 下列字符串的长度分别是多少？

（1）"abc"　　（2）"abc\0xy"　　（3）"a\134\n\\bc\t"

4. 设有变量定义“int x=2,y=4,z=7;”，写出下列表达式的值以及计算表达式后 x、y、z 的值。

（1）z%=x　　（2）z=（++x，y--）　　（3）x+y>++z　　（4）x>（y>z?y：z）?x：（y>z?y：z）

（5）x=y=z　　（6）y==z　　（7）（x--<y）&&（++x<z）

（8）（x--<y）||（++x<z）

5. 编写程序，求从键盘输入的 3 个数中的最小数。

6. 编程求方程 $ax^2+bx+c=0$ 的解。

7. 任意给定一个月份数，编程输出它属于哪个季节（12 月、1 月、2 月是冬季；3 月、4 月、5 月是春季；6 月、7 月、8 月是夏季；9 月、10 月、11 月是秋季）。

8. 从键盘上输入 10 个整数，编程求它们的平均值。

9. 从键盘上输入若干个学生的成绩，统计并输出其中的最高成绩和最低成绩，当输入负数时结束输入。

10. 编写程序，找出 1 000 以内的所有完数。一个数如果恰好等于它的因子之和，这个数就称为完数。例如，6 的因子为 1、2、3，而 6=1+2+3，因此 6 是完数。

第3章 函数

当设计程序解决一个复杂问题时，通常用模块化程序设计的思想编程。即将整个任务分解成若干功能模块，分析出解决问题的步骤，然后定义函数逐一实现各个功能。

一个完整的源程序除了一个主函数外，通常还包含若干其他函数，由主函数调用其他函数，其他函数又可以调用其他函数。

3.1 函数的概念和定义

3.1.1 函数的概念

函数由一组封装在一起的功能语句组成，是组成源程序的基本模块。用户只需要提供相应的参数调用函数，就可以实现函数的功能。

C++语言中的函数，可分为库函数和用户自定义函数两类。库函数由 C++语言系统提供，用户只需要在程序编译预处理部分，包含相应的头文件便可直接使用；而用户自定义函数通常要先定义，然后才能使用。

【例 3-1】 设计程序，求一个角度的正弦值。

程序设计

C++语言提供了一组数学库函数，其中 sin 函数用来求正弦值，该函数的参数为弧度。程序中先定义函数 f，实现将角度转化为弧度的功能。

源程序代码

```
#include<iostream>
#include<cmath>                                          //A
using  namespace  std;
double  f(double a) {                                    //B
     double t;
     t=a*3.1415926/180;
     return t;
}
int  main(){
     double a,r,s;
     cout<<"请输入一个角度： ";
     cin>>a;
     r=f(a);                                      //C
```

```
    cout<<"弧度: "<<r<<endl;
    s=sin(r);                          //D
    cout<<"正弦值: "<<s<<endl;
    return 0;
}
```

程序运行结果

```
请输入一个角度: 210
弧度: 3.66519
正弦值: -0.5
```

使用库函数时，必须用文件包含的方式列出该库函数所属的文件。sin 函数是数学库函数，定义在头文件 cmath 中，使用时应包含该文件，如例 3-1 程序中的 A 行所示。f 函数和 main 函数都是用户自定义函数。其中，主函数 main 是一个特殊的用户自定义函数，任何一个程序有且只能有一个主函数；程序的执行从主函数的第一条语句开始，到最后一条语句结束，执行过程中可以调用其他函数。

3.1.2 函数定义的基本形式

按照 C++语言的语法规则，定义函数时需要在函数头部依次列出函数类型、函数名称和函数形参，在函数体中用语句序列实现函数的功能。定义函数的基本格式如下。

```
函数类型  函数名（形参列表）          //函数头部
{
    语句序列                          } 函数体
}
```

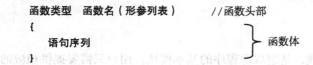

函数头部是函数与外界进行交互的接口，参数用来接收使用者提供的数据，函数类型指明函数返回值的类型。函数名是用户给函数起的名称，应符合自定义标识符的规则。函数体是用花括号括起来的一系列语句，是函数功能的具体实现。

函数定义时的参数称为形式参数，简称形参，在函数头部的形参列表处定义。一个函数可以没有参数，也可以有一个或多个参数。形参由参数类型和参数名称组成，函数有多个参数时，参数之间用逗号分隔。如果函数没有参数，则可以在形参列表处用 void 表示，或者缺省，但圆括号不能省略。根据函数有无参数，可以将函数分为无参函数和有参函数两种类型。没有参数的函数称为无参函数，有一个或多个参数的函数称为有参函数。需要说明的是，函数的每一个形参都必须包含参数类型和参数名称两部分内容。

3.1.3 函数类型与返回值

C++语言的函数类型可以是任意合法的数据类型。函数类型缺省时为 int 类型，即定义函数时，若未指明函数类型，则函数运行后应返回一个整数。

1. 函数类型

根据函数的运行结果是否有返回值，可将函数分为无值型函数和有值型函数两种。无值型函数的函数类型为 void，这类函数一般用于完成某种特定的操作，执行完毕后不向调用者返回任何值，即函数的运行结果不是一个具体的数据，也称为无返回值函数。除 void 类型以外的其他类型的函数统称为有值型函数，这类函数在执行后将得到一个确定的值，该值将返回给调用者。有值型函数也称为有返回值函数，函数调用后返回的表达式的值即为该返回值。

2. return 语句

return 语句的功能是返回函数的运行结果，并结束函数的运行。即在函数的调用过程中，一旦执行了 return 语句，函数的调用过程将被终止。return 语句既可以用于有返回值函数，也可以用于无返回值函数，但其语句格式和执行结果有所不同。

（1）有返回值函数的 return 语句。其语法格式如下。

```
return 表达式;
```

或

```
return (表达式);
```

其中表达式的值就是函数运行的结果，当执行到 return 语句时，在结束函数调用的同时，将该值返回给主调函数。

（2）无返回值函数的 return 语句。其语法格式如下。

```
return;
```

在无值型函数中使用 return 语句时，return 后面不能有表达式。此时，return 语句仅仅起到终止函数调用的作用。

【例 3-2】 设计程序求整数的阶乘，要求输出阶乘的数学表达式和阶乘的值。

程序设计

（1）定义函数 fac 求整数 n 的阶乘，并返回其值。因其值为整数，所以 fac 函数的函数类型为 int。

（2）定义函数 print 输出阶乘的数学表达式。即输出“n! =1*2*3*…*（n-1）*n=”，其中 n 的值随参数而变化。print 函数无需返回值，所以其函数类型为 void。

（3）无论是 fac 函数，还是 print 函数，都必须提供一个整数，所以其参数皆为整型变量。

（4）在主函数中调用 fac 函数求阶乘，调用 print 函数输出表达式。

源程序代码

```
#include <iostream>
using namespace std;
void print(int n){
     cout<<n<<"!=";
     if(n>1)
          for(int i=1;i<=n;i++)
               if(i==n) cout<<i<<'=';
               else cout<<i<<'*';
}
int fac(int n){
     int t=1;
     for(int i=2;i<=n;i++)
          t*=i;
     return t;                                  //A
}
int  main(){
     int num;
     cout<<"请输入一个整数：";
     cin>>num;
     print(num);                                //B
     cout<<fac(num)<< endl;                     //C
     return 0;
}
```

程序运行结果

```
请输入一个正整数：4
4!=1*2*3*4=24
```

定义函数时应该注意，虽然一个函数中可以出现一条或者多条 return 语句，但只能有一条 return 语句被执行。同时，函数类型应该与 return 后面表达式的数据类型相同，当两者不同时，程序会将 return 后面的表达式转换成函数类型后返回给主调函数。例如：

```
f(float x,float y){
    if(x>y) return x;
    return y;
}
```

f 函数的功能是返回两个数中的较大者。因为在定义 f 函数时，没有指明函数类型，所以默认类型为 int，与返回值的类型 float 不一致。当用实型数 3.5 和 5.5 作为参数调用它时，函数的运行结果为整数 5，即函数类型决定了函数返回值的类型。

3.2 函数的调用

定义函数的目的是使用函数，使用函数通过函数调用实现。只有通过函数调用才能执行函数，实现函数的功能。用户不必知道函数功能的具体实现方法，只需要知道函数能够实现的功能以及如何调用函数即可。

3.2.1 函数调用的基本形式

在 C++语言中，函数调用表达式的一般格式如下。

函数名(实参列表)

函数调用时的参数称为实际参数，简称实参。调用函数时需注意以下几点。

（1）在函数调用时，无论是函数名，还是实参列表中的参数，都没有类型。函数有多个参数时，需依次列出各个实参，实参之间用逗号隔开。实参可以是变量、常量或表达式，包括函数调用表达式，但每个实参通常应有确定的值。

（2）在调用函数时，对于无参函数，调用函数时，运算符“( )”不能少。

（3）在调用函数时，函数实参与形参的个数、类型和顺序通常应该保证一致，否则在数据传递的过程中，可能会导致数据精度变化和数据丢失，甚至引起语法错误。还应该注意有值型函数与无值型函数的区别。例如：

```
double f1(int x,int y){
    return x+y;
}
void f2(float x,float y){
    cout<<x+y<<endl;
}
int  main(){
    cout<<f1(3.5,5.5)<<endl;        //A 为有值函数调用
    f2 (3.5,5.5);                   //B 为无值函数调用
}
```

其中A行的运行结果是输出实数8，而不是9。如果将A行写成“f1(3.5,5.5);”，这虽然不是语法错误，但这样的调用没有实际意义。与此相似，若将B行写成“cout<<f2(3.5,5.5)<<endl;”，则是语法错误。因为f2函数是无值型函数，调用函数后不能参与输出等运算。

在C++语言中，如果函数为有返回值函数，那么函数调用通常作为表达式的一部分；如果函数为无返回值函数，那么函数调用不能参与表达式的运算，只能单独构成一条函数调用语句。

【例3-3】 设计程序求3个整数的最大公约数。

程序设计

（1）求整数的最大公约数有两种常用的方法，一是穷举法，二是辗转相除法。穷举法是从所给整数中的最小者开始，依次向下遍历，直到找到最大公约数为止。

辗转相除法又称欧几里德算法，首先用较小数除较大数，然后用得到的余数（第一余数）去除除数，再用得到的余数（第二余数）去除第一余数，如此反复，直到余数是0为止。辗转相除可用迭代法实现，其算法如图3-1所示。

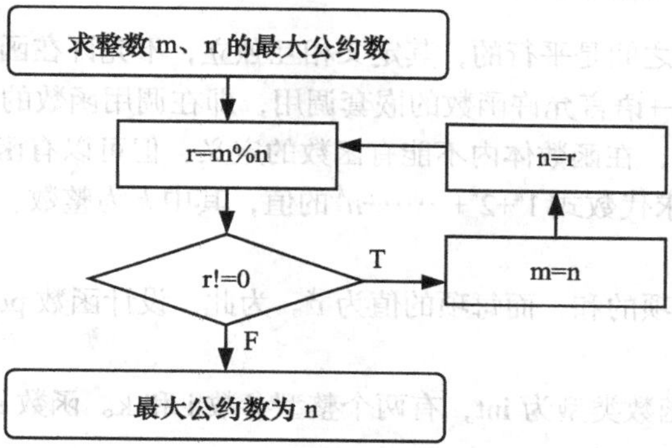

图3-1 欧几里德算法

欧几里德算法只能直接求两个整数的最大公约数。定义gcd函数求两个整数m和n的最大公约数，即gcd函数有两个整型形参m和n。

（2）求3个整数a、b、c的最大公约数时，首先调用gcd函数求a和b的最大公约数g，再调用gcd函数，求出g和c的最大公约数，即为3个整数的最大公约数。

源程序代码

```
#include <iostream>
using  namespace  std;
int gcd(int m,int n){
     int r;
     while(r=m%n){                                              //A
          m=n;
          n=r;
     }
     return n;
}
int  main(){
     int a,b,c,g;
     cout<<"请输入3个正整数：";
     cin>>a>>b>>c;
```

```
    g=gcd(a,b);                                          //B
    g=gcd(g,c);                                          //C
    cout<<"整数"<<a<<','<<b<<','<<c<<"的最大公约数为: "<<g<<endl;    //D
    return 0;
}
```

程序运行结果

```
请输入 3 个正整数: 12 9 18
整数 12,9,18 的最大公约数为: 3
```

例 3-3 中，A 行求出 m 和 n 相除得到的余数 r，当 r 为 0 时，循环条件为假，循环终止，此时最大公约数为 n；若 r 不为 0，则循环条件为真，循环迭代，用被除数代替除数，用余数代替除数。

在程序中，也可省略 B 行，而将 C 行的函数调用改为“gcd(gcd(a,b),c)”。此时，程序首先执行内层的函数调用 gcd(a,b)，然后将其返回值作为外层 gcd 函数调用的第一个实参。由此可见，对于有值型函数，可以将函数调用表达式作为自身或其他函数调用的实参。

3.2.2 函数的嵌套调用

在 C++语言中，函数之间是平行的，其定义相互独立，不允许在函数体内再定义函数，即不允许嵌套定义。但是，C++语言允许函数的嵌套调用，即在调用函数的过程中再调用其他函数。因此，在定义 C++函数时，在函数体内不能有函数的定义，但可以有函数的调用语句。

【例 3-4】 设计程序求代数式 $1^k+2^k+\cdots\cdots+n^k$ 的值，其中 k 为整数。

程序设计

（1）该程序求的是 n 项的和，而每项的值为 i^k。为此，设计函数 powers 求 i^k，设计函数 sum 求 n 项的和。

（2）函数 powers 的函数类型为 int，有两个整型参数 i 和 k。函数 sum 的函数类型为 int，有两个整型参数 n 和 k。

程序中，函数调用过程如图 3-2 所示。

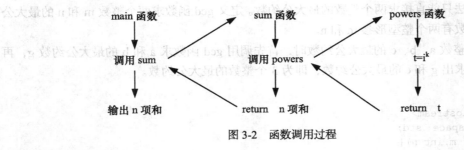

图 3-2 函数调用过程

源程序代码

```
#include <iostream>
using  namespace  std;
int powers(int i,int k) {                          //求 i 的 k 次幂
     int t=1,j;
     for(j=1;j<=k;j++)
          t*=i;
     return t;
}
int sum(int n,int k)  {                            //累加求 n 项和
```

```
    int s=0;
    for(int i=1;i<=n;i++)
        s+=powers(i,k);                                  //A
    return s;
}
int  main(){
    int n,k;
    cout<<"Input n and k: ";
    cin>>n>>k;
    cout<<"Sum of "<<k<<" powers from 1 to "<<n<<" = ";
    cout<<sum(n,k)<<endl;                                //B
    return 0;
}
```

程序运行结果

```
Input n and k: 4 3
Sum of 3 powers from 1 to 4 = 100
```

在例 3-4 中，主函数在调用 sum 函数的过程中又调用 powers 函数，这属于函数的嵌套调用。在 sum 函数中，变量 s 作为累加器，其初始值应该设置为 0；而在 powers 函数中，变量 t 的初始值应该设置为 1。

3.2.3 函数的递归调用

在函数的调用过程中调用自身函数，或者两个函数之间互相调用，这种调用方式称为函数的递归调用。此时，该函数称为递归函数。函数的递归调用分为直接递归和间接递归两种形式。

1. 直接递归

直接递归是在一个函数的函数体内直接调用函数自身。此时，主调函数同时又是被调函数。

【例 3-5】 编程用递归法求 *n*!。

程序设计

n!的递归定义形式如下。

$$n! = \begin{cases} 1 & (n = 0\text{或}1) \\ n(n-1)! & (n > 1) \end{cases}$$

设计函数 long f (int n)求 *n*!，函数体中通过该函数的调用语句 f(n-1)求(*n*-1)!，然后将 n* f(n-1)作为函数的返回值，即可得到 *n*!。而 f（n-1）的值为（n-1）*f（n-2），f（n-2）的值为（n-2）*f（n-3），如此递推下去。由于 1!是已知值 1，此时直接将 1 作为 1!的值返回，并结束递归调用。

源程序代码

```
#include <iostream>
using  namespace  std;
long f(int n) {                        //求 n!的递归函数
    if(n==1||n==0)return 1;            //递归结束条件
    else return n*f(n-1);              //递归公式
}
int  main(){
    int n;
    cout<<"请输入一个正整数: ";
```

```
    cin>>n;
    cout<<n<<"!="<<f(n)<<endl;
    return 0;
}
```

程序运行结果

请输入一个正整数：4

4! =24

考虑到阶乘的数值比较大，例 3-5 中将 f 函数的函数类型设计为长整型 long int，简写为 long。将 n==0 作为递归结束条件之一，是因为考虑到求 0！这一特殊情况。

递归法是程序设计的常用方法之一，采用递归法设计程序时，必须有一个明确的递归结束条件，用于结束递归调用。

在通常情况下，递归调用的过程可分为递推和回归两个阶段。第一阶段称为递推阶段，是将原问题不断分解为子问题，逐渐从未知结果向已知方向推测的过程，最终到达已知条件，即递归结束条件，结束递推阶段。第二阶段称为回归阶段，是从已知的条件出发，按照递推的逆过程，逐一求值回归，最后到达递推的开始处，结束回归阶段，完成整个递归调用。

为了分析递归过程，将例 3-5 中的 f 函数适当修改，在递归语句前后各加一条输出语句，以观察递归过程。修改后的 f 函数如下。

```
long f(int n){
    int t;
    cout<<n<<"!="<<n<<'*'<<n-1<<"!\n";
    if(n==1||n==0)t=1;
    else t=n*f(n-1);
    cout<<n<<"!="<<t<<'\n';
    return t;
}
```

当在主函数中以 4 作为参数调用 f 函数求 4！时，其递归调用过程如图 3-3 所示。

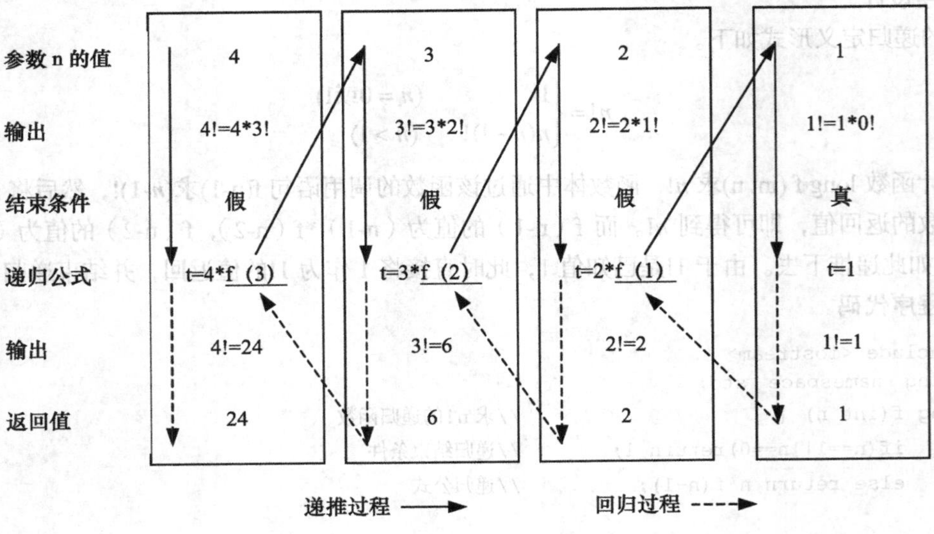

图 3-3　f(4)的递归调用过程

此时，递归调用过程中的输出结果如下。

```
4!=4*3!
3!=3*2!
2!=2*1!      递推阶段输出，参数 n 的值：4→3→2→1
1!=1*0!
1!=1
2!=2
3!=6         回归阶段输出，参数 n 的值：1→2→3→4
4!=24
```

可以看出，以递归函数中的递归语句为界，递归语句之前的语句在递推阶段执行，递归语句之后的语句在回归阶段执行，且执行时的顺序是相反的。

2. 间接递归

间接递归是指在一个函数的函数体内调用其他函数，而其他函数再调用该函数。

【例 3-6】 阅读程序，写出程序的输出结果。

源程序代码

```
#include <iostream>
using  namespace  std;
void f2(int);                                //A 函数原型说明
void f1(int n){
     cout<<n%10;
     if(n>0)f2(n/10);                        //B
}
void f2(int n) {
     if(n>0)f1(n/10);
     cout<<n%10;
}
int  main(){
     f1(123456);
     cout<<endl;
     return 0;
}
```

程序运行结果

```
6420135
```

在例 3-6 中，A 行为函数 f2 的原型说明。在程序运行过程中，B 行的 f2 函数共调用 3 次，实参分别为 12345，123，1。当以 1 作为实参调用 f2 函数时，递归条件仍然为真，此时会以 0 作为实参调用 f1 函数，输出 0，然后判断递归条件为假，结束递推阶段进入回归阶段。在回归阶段以相反的顺序输出 12345、123、1 的个位 1、3、5。

3.2.4 函数的原型说明

自定义函数，通常应该先定义后使用。如果函数调用在前，定义在后，则在调用之前要说明函数原型。在 C++语言中，函数原型说明的一般格式如下。

函数类型 函数名(形参列表);

说明函数时注意以下几点。

（1）在函数原型说明语句中，函数类型、函数名称和形参列表必须与定义的函数相同。

（2）函数原型说明语句中的形参列表可以不包含参数名称，但需要包含参数类型。

（3）函数原型说明语句是一个说明语句，其后的语句结束符“;”不能缺少。

（4）函数原型说明语句必须出现在函数被调用之前的位置，同一个作用域内只能说明一次。

例如，在例 3-6 中，f2 函数的定义位于调用之后，所以应该在调用之前对 f2 函数做原型说明，其说明方式可以采用下列两种形式之一。

```
void f2(int);
void f2(int n);
```

其中，第二种形式中的形参名称可以是任意合法的标识符。

3.3 函数的参数传递

函数的参数是用于在主调函数与被调函数之间传递数据的，根据所传递的数据形式，可以将 C++语言中的参数传递方式分为值传递、地址传递和引用传递 3 种类型。

3.3.1 函数的值传递

当函数的形参为基本类型变量、结构体类型变量和类类型变量时，函数参数的传递方式属于值传递，实参为相应的变量、常量或表达式等。值传递是一种单向传递，即只能把实参传递给形参，对形参的操作不能改变实参的值。

【例 3-7】 分析下列程序的输出结果。

源程序代码

```
#include <iostream>
using  namespace  std;
void swap1(int x, int y)  {                              //A
      int t;
      t=x; x=y; y=t;
      cout<<"x="<<x<<','<<"y="<<y<<'\n';
}
int  main(void){
      int a=66,b=88;
      cout<<"a="<<a<<','<<"b="<<b<<'\n';
      swap1(a,b);                                        //B
      cout<<"a="<<a<<','<<"b="<<b<<'\n';
      return 0;
}
```

程序运行结果

```
a=66,b=88
x=88,y=66
a=66,b=88
```

在例 3-7 中，A 行的形参和 B 行的实参都为基本类型，属于函数参数的值传递。B 行调用 swap1 函数时，将实参 a 和 b 的值分别传递给形参 x 和 y；执行 swap1 函数中的交换语句后，形参 x 和 y 的值发生了变化；然而，实参 a 和 b 的值并没有发生变化。值传递时，形参的值并不能回传给实参。

3.3.2 函数的地址传递

当函数的形参是某种类型的指针，实参为相应的地址时，函数参数传递的是地址。此时，函数参数的传递方式属于地址传递。地址传递时，实参也可以是保存了某个地址的指针变量；被调函数中，既可以操作指针，也可以操作指针所指的内存空间。

【例 3-8】 分析下列程序的输出结果。

源程序代码

```
#include <iostream>
using  namespace  std;
void swap2(int *x, int *y) {                          //A
     int t;
     t=*x; *x=*y; *y=t;
     cout<<"*x="<<*x<<','<<"*y="<<*y<<'\n';
}
int  main(void){
     int a=66,b=88;
     cout<<"a="<<a<<','<<"b="<<b<<'\n';
     swap2(&a,&b);                                    //B
     cout<<"a="<<a<<','<<"b="<<b<<'\n';
     return 0;
}
```

程序运行结果

```
a=66,b=88
*x=88,*y=66
a=88,b=66
```

在例 3-8 中，A 行的形参为指针变量，B 行的实参是地址，属于函数参数的地址传递。B 行调用 swap2 函数时，将变量 a 和 b 的地址分别传递给形参 x 和 y，即指针 x 和 y 分别指向变量 a 和 b；执行 swap2 函数中的交换语句时，交换的是指针 x 和 y 所指的内存空间，即变量 a 和 b 的值；所以，主函数中变量 a 和 b 的值发生了改变。需要注意的是，如果将 swap2 函数做如下定义，将不改变变量 a 和 b 的值。

```
void swap2(int *x, int *y){
     int *t;
     t=x; x=y; y=t;                                   //C
     cout<<"*x="<<*x<<','<<"*y="<<*y<<'\n';           //D
}
```

此时 C 行交换的是指针变量所指的位置，即交换前，指针 x 和 y 分别指向变量 a 和 b；交换后，指针 x 和 y 分别指向变量 b 和 a，所以 D 行将输出变量 b 和 a 的值，而变量 a 和 b 的值并没有发生改变。修改 swap2 函数后，程序的输出结果如下。

```
a=66,b=88
*x=88,*y=66
a=66,b=88
```

3.3.3 函数的引用传递

函数的参数是引用传递时，形参为某种类型的变量引用，实参为相应的变量。根据引用的概念，引用传递时，形参是对实参的重新命名，形参和实参是同一个内存空间的两个名称。

【例 3-9】 分析下列程序的输出结果。

源程序代码

```
#include <iostream>
```

```
using namespace std;
void swap3(int &x, int &y){                                    //A
      int t;
      t=x; x=y; y=t;                                           //B
      cout<<"x="<<x<<','<<"y="<<y<<'\n';
}
int  main(void){
      int a=66,b=88;
      cout<<"a="<<a<<','<<"b="<<b<<'\n';
      swap3(a,b);                                              //C
      cout<<"a="<<a<<','<<"b="<<b<<'\n';
      return 0;
}
```

程序运行结果

```
a=66,b=88
x=88,y=66
a=88,b=66
```

在例 3-9 中，A 行的形参为引用类型，C 行的实参是整型变量，属于函数参数的引用传递。调用 swap3 函数时，将变量 a 和 b 重命名为 x 和 y，即 x 和 a 是同一个内存空间的两个名称，y 和 b 则是另一个内存空间的两个名称。因为在 swap3 函数中执行 B 行交换语句时，交换变量 x 和 y 的值，就是交换变量 a 和 b 的值。所以，主函数中变量 a 和 b 的值发生了改变。

使用引用传递时注意，A 行的运算符“&”是引用符号，不是取地址运算符，对应的实参必须是与形参相同类型的变量，不能是地址，也不能是常量或其他类型的变量。

在函数的 3 种参数传递方式中，值传递时，对被调函数形参的操作不会影响主调函数实参的值；引用传递时，对被调函数形参的操作会影响主调函数实参的值；地址传递时，对被调函数形参的操作可能会影响主调函数实参的值。程序设计时，如果想通过参数传递把被调函数中对形参的操作结果带回主调函数，不能选用值传递，而应该选用引用传递和地址传递，且选择地址传递时，还必须通过指针的取值运算对指针所指的内存空间进行操作。

3.4 函数的其他特性

3.4.1 函数参数的默认值

C++语言允许用户给自定义函数的参数指定一个默认值，这样的函数称为具有默认参数的函数。函数参数的默认值可以在定义函数时，用赋值运算符列出，也可以在说明函数原型时，用赋值运算符列出。对于具有默认参数的函数，调用时若提供了实参，则以提供的实参调用函数；若没有提供实参，则以指定的默认值作为实参调用函数。

【例 3-10】 分析下列程序的输出结果。

源程序代码

```
#include <iostream>
using namespace std;
void f(double x=9.9) {                              //A
    cout<<"x="<<x<<endl;
```

```
}
int  main(void){
     f(8.8);                                   //B
     f();                                      //C
     void f(double=7.7);                       //D
     f(6.6);                                   //E
     f();                                      //F
     return 0;
}
```

程序运行结果

```
x=8.8
x=9.9
x=6.6
x=7.7
```

在例 3-10 中，A 行定义函数 f 时给参数指定了默认值 9.9，B 行调用 f 函数时，提供了实参 8.8，以 8.8 作为实参调用 f 函数；C 行调用 f 函数时，没有提供实参，以默认值 9.9 作为实参调用 f 函数。D 行对函数 f 重新进行了原型说明，并改变参数的默认值为 7.7，E 行以提供的实参 6.6 调用 f 函数，F 行以新给出的默认值 7.7 作为实参调用 f 函数。

若在不同的作用域内，函数的参数都定义了默认值，如例 3-10 中的 A 行和 D 行，调用时具体采用哪个默认值由最近的定义或说明决定。

对于具有多个参数的函数，可以为所有参数指定默认值，也可以只为部分参数指定默认值。只有部分参数具有默认值时，所有具有默认值的参数都应该位于形参列表的右侧，而没有默认值的参数都位于形参列表的左侧。调用部分参数具有默认值的函数时，提供的实参的个数不能少于没有默认值的参数的个数。例如，对于下面的函数原型说明：

```
void f(int,float,double=4.5,char='A',int=6);
```

进行如下函数调用。

```
f();                         //A 语法错误
f(1);                        //B 语法错误
f(1,2.3);                    //C 参数值依次为 1, 2.3, 4.5, 'A', 6
f(1,2.3,5.5);                //D 参数值依次为 1, 2.3, 5.5, 'A', 6
f(1,2.3,5.5,66);             //E 参数值依次为 1, 2.3, 5.5, 'B', 6
```

其中 A 行和 B 行是语法错误，而 C 行、D 行和 E 行函数参数的值分别如注释所示。

3.4.2 函数重载

函数重载是指一组函数名称相同，函数参数个数、类型，或者次序不同的函数，即同一个函数有不同的函数实现。函数重载一般用于具有相似功能的一组计算或者操作，但函数的具体实现方式存在一定的差异。例如，求平面多边形的面积，虽然都是求面积，但求不同类型的图形面积的方法是不一样的。此时，可以定义重载函数来实现，以提高程序的通用性。

函数调用时，被调用函数的确定依赖于函数名和参数。由于重载函数具有相同的函数名，所以只能从函数调用时提供的参数来区分，如果仅是函数返回值的类型不同，就无法区分被调用函数。因此，函数重载要求函数的名称相同，参数个数或者参数类型不同。即参数个数、类型和顺序不同是实现函数重载的依据，而函数类型不同不能作为函数重载的依据。

【例 3-11】 定义重载函数，分别求解三角形、矩形和圆的面积。

源程序代码

```
#include <iostream>
#include <cmath>
using namespace std;
#define PI 3.14159
double area(double x, double y, double z) {                 //A 求三角形的面积
     double s;
     s=(x+y+z)/2;
     return sqrt(s*(s-x)*(s-y)*(s-z));
}
double area(double x, double y) {                           //B 求矩形的面积
     return x*y;
}
double area(double x) {                                     //C 求圆形的面积
     return PI*x*x;
}
int  main(){
     cout<<"圆形面积为: "<<area(3)<<endl;                    //D
     cout<<"矩形面积为: "<<area(3,4)<<endl;                  //E
     cout<<"三角形面积为: "<<area(3,4,5)<<endl;              //F
     return 0;
}
```

程序运行结果

```
圆形面积为: 28.2743
矩形面积为: 12
三角形面积为: 6
```

在例 3-11 中定义了 3 个 area 函数，分别用于求解三角形、矩形和圆形的面积，它们构成了重载关系。在程序中，因为 D 行调用提供了一个参数，所以调用的是 C 行定义的求解圆形面积的函数，同理，E 行调用的是 B 行定义的求解矩形面积的函数，F 行调用的是 A 行定义的求解三角形面积的函数。

除了函数实参的个数，实参的类型和顺序也可以用来确定具体调用哪个函数。在运用重载函数时，除了定义函数要保证同名异参外，调用函数还要避免产生二义性，即所调用的函数必须唯一确定。例如，下列重载函数的定义虽然正确，但调用时会报语法错误。

```
void f(int,float=5.5);              //A
void f(int);                        //B
void fun(float);                    //C
void fun(double);                   //D
f(1);                               //E
fun(1);                             //F
```

在上述函数的说明和调用中，A 行和 B 行的 f 函数符合函数重载规则，但 E 行调用 f 函数时，既可以用参数 1 和 5.5 调用 A 行的 f 函数，也可以用参数 1 调用 B 行的 f 函数；同样，C 行和 D 行的 fun 函数也符合函数重载规则，但 F 行调用 fun 函数时，既可以将参数转换成单精度数据调用 C 行的 fun 函数，也可以将参数转换成双精度数据调用 D 行的 fun 函数。所以，E 行和 F 行的调用都产生了二义性错误。

3.4.3 内联函数

程序在调用函数时，系统要暂停主调函数的执行，转而执行被调函数。函数调用结束后，系统返回到主调函数继续执行。在这个过程中，系统需要保存与恢复现场信息，系统开销相对较大。如果被调函数的功能比较简单，可以将其定义为内联函数，即在程序编译时将该函数的代码直接插入调用处。内联函数用函数代码的拷贝替换函数调用语句，即用存储空间换取执行时间，以提高程序的运行效率。

在 C++语言中，内联函数的定义方法是在函数类型前加关键字 inline，其定义的一般格式如下。

```
inline 函数类型 函数名（形参列表）
{
      语句序列
}
```

例如，下面的定义要求系统将 max 函数处理为内联函数。

```
inline int max (int a, int b){ return a>b ? a:b ; }
```

关于内联函数的使用，需要说明以下两点。

（1）内联函数仅限于一些简单的函数，其函数体内不应包含循环语句、switch 分支语句和复杂嵌套的 if 语句。

（2）用户指定的内联函数，系统不一定就将其处理为内联函数。

3.4.4 exit 函数和 abort 函数

exit 函数与 abort 函数都是 C++的库函数，其功能是终止程序的执行，即将控制返回给操作系统。使用时可以不列出包含它们的头文件“cstdlib”。

1. exit 函数

exit 函数的语法格式如下。

```
exit(表达式);
```

其中，表达式的值只能是整型数。若表达式的值为零，则为正常退出，此时系统首先完成释放变量所占的存储空间，关闭打开的文件等工作，然后再结束程序的运行；若表达式的值非零，则为异常退出。

2. abort 函数

abort 函数的语法格式如下。

```
abort( );
```

abort 函数是一个无参函数，调用时括号内不能有任何参数。在执行该函数时，系统不做结束程序前的收尾工作，直接终止程序的执行。

3.4.5 指向函数的指针

对于用户定义的函数，系统将为其分配内存空间，以保存函数代码。与所有的内存空间一样，函数占据的连续空间也有地址，同样可以定义一个指针指向该内存空间。指向函数内存空间入口地址的指针称为指向函数的指针。

通过指向函数的指针使用函数，通常可以分为 3 步：首先定义一个指向函数的指针变量，然后使该指针指向要调用的函数，最后通过指针变量调用函数。

1. 定义指向函数的指针

定义指向函数指针的语法格式如下。

```
函数类型 (*指针变量名)(形参列表);
```

其中，函数类型和形参列表必须与所指向的函数相同；且将指针变量名括起来的括号不可省略，否则是一个函数的原型说明。

2. 指针指向函数

指针指向函数是指把函数的入口地址赋值给指针变量，其基本的语法格式如下。

```
指针变量名=函数名;
```

3. 指针调用函数

当指向函数的指针指向一个函数后，用该指针调用函数的语法格式有两种。

```
指针变量名(实参列表);
```

或

```
(*指针变量名)(实参列表);
```

【例 3-12】 设计一个程序，执行两个实数的加、减、乘、除运算。

程序设计

（1）定义 4 个函数 Add、Sub、Mul 和 Div 分别实现两个双精度数的加、减、乘、除运算。

（2）这 4 个函数的函数类型都为 double，且都有两个 double 型的参数，故可以定义一个指向函数的指针操作它们。该指针的定义如下。

```
double(*fp)(double, double);
```

（3）根据键盘读入的运算符，使指针指向相应的函数，然后调用函数完成运算。

源程序代码

```
#include <iostream>
using namespace std;
double Add(double x, double y){
    return x+y;
}
double Sub(double x, double y){
    return x-y;
}
double Mul(double x, double y){
    return x*y;
}
double Div(double x, double y){
    return x/y;
}
int main(){
    double num1,num2;
    char op;
    double(*fp)(double,double);
    cout<<"请输入表达式（操作数 1 运行符 操作数 2）: ";
    cin>>num1>>op>>num2;
```

```
    switch(op){
            case '+':fp=Add;break;
            case '-':fp=Sub;break;
            case '*':fp=Mul;break;
            case '/':if(num2){ fp=Div; break; }
                    else { cout<<"除数不能为0! \n";exit(2); }
            default:cout<<"输入错误! \n";exit(1);            //A
    }
    cout<<num1<<op<<num2<<'='<<fp(num1,num2)<<endl;        //B
    return 0;
}
```

程序运行结果

```
请输入表达式(操作数1 运行符 操作数2): 3.5-2
3.5-2=1.5
```

在例3-12中，A行exit函数的参数为1时，表示输入错误；参数为2时，表示计算错误。在程序中，B行的函数调用表达式可改为“(*fp)(num1，num2)”形式。

3.5 编译预处理

编译预处理是指在对源程序进行编译之前，由编译预处理程序对源程序中的编译预处理命令所做的加工处理工作。C++语言中的编译预处理命令包括文件包含、宏定义和条件编译。它们具有如下的共同特点。

（1）一律由符号#开头。

（2）以回车符结束。

（3）一般来说每一条预处理指令占一行。

3.5.1 文件包含

文件包含是指编译预处理时，将预处理命令指定的头文件包含到当前源程序中。文件包含的基本格式如下。

```
#include <文件名>
```

或

```
#include “文件名”
```

这两种文件的包含形式存在一定的区别：尖括号表示在系统默认的文件目录中查找；双引号表示先在当前的源文件目录中查找，若未找到再到默认目录中查找。其中，默认目录由用户在设置环境时设定。一般情形下，系统库文件使用尖括号，而用户自定义文件则习惯使用双引号。

文件包含命令的功能是将指定的文件插入该命令行位置以取代该命令行，从而将指定的文件和当前的源程序文件连成一个整体。常用的符号常量、宏定义等也可以单独组成一个文件，在其他文件的开头部分用文件包含命令将该文件加入其中，避免在每个文件开头都写那些公用量，从而节省编写程序的时间，并减少出错。

使用文件包含命令时应注意以下两点。

（1）一条文件包含命令只能指定一个被包含文件；若有多个文件要包含，则需要使用多条include 命令。

（2）文件包含允许嵌套，即在一个被包含的文件中可以包含另一个文件。

3.5.2 宏定义

宏定义是指用一个标识符来代替一个字符序列，字符序列可以是字符串、常量或表达式等。其中，标识符称为宏名。在编译预处理时，将程序中出现的所有宏名均替换为字符序列，这一过程称为宏调用、宏代换或宏扩展。在 C++语言中，宏定义有无参宏和有参宏两种形式。

1. 无参宏

定义无参宏的基本语法格式如下。

#define 宏名 字符序列

在使用宏时，有如下几点需要注意。

（1）宏名通常用大写字母表示，以区别于变量。

（2）宏定义不是说明语句，在宏定义的行末通常不加语句结束符“;”，否则宏扩展时连同分号一起替换。

（3）若宏定义长于一行，行尾可用反斜杠“\”续行。

（4）宏扩展时，只对宏名做简单的替换，而不做任何计算。只有当宏扩展完成后，才做相应的计算或操作。

（5）字符串中与宏名相同的字符串不作为宏对待。

（6）若要终止宏的运行，可使用#undef 命令，其语法格式如下。

#undef 宏名

【例 3-13】 分析下列程序的输出结果。

源程序代码

```
#include <iostream>
using namespace std;
#define M  (i+i)
#define N  i+i
#define CHINA "People's Republic of China"       //A
#define China  "CHINA"
int  main (void){
     int x,y,i=1;
     x=2*M+3*M;                                  //B
     y=2*N+3*N;                                  //C
     cout<<"x="<<x<<endl;
     cout<<"y="<<y<<endl;
     cout<<CHINA<<endl;
     return 0;
}
```

程序运行结果

```
x=10
y=7
People's Republic of China
```

宏代换时，不能等同于表达式的计算。在例 3-13 中，变量 x 的值为 10，变量 y 的值为 7，扩展时 B 行计算为：

```
x=2*M+3*M=2*(i+i)+3*(i+i)
```

C 行计算为：

```
y=2*N+3*N =2*i+i+3*i+i
```

另外，程序不会将 A 行字符串中的“China”作为宏对待，即不将其中的“China”替换为“CHINA”。

2. 有参宏

定义有参宏的基本语法格式如下。

```
#define 宏名(形参列表) 字符序列
```

调用有参宏的基本语法格式如下。

```
宏名(实参列表)
```

其中，宏定义时的参数为形式参数，宏调用时的参数为实际参数。使用有参宏时应注意以下几点。

（1）定义有参宏时，宏名和形参列表之间不能有空格；否则为无参宏，空格之后的字符序列均为欲替换的字符序列。

（2）宏的参数无论是形参还是实参，都只有名称而没有类型，其中形参为自定义标识符，而实参可以是常量、变量、表达式等。

（3）有参宏和有参函数虽然很相似，但是两者的调用有着本质的区别。函数调用通过实参与形参之间传递数据，而有参宏的调用与无参宏一样只做简单替换。例如：

```
#define MAX(x,y)  x*y
int a=5,b=3,c;
c=MAX(a-b,a+b);
```

则宏调用为：

```
c=MAX(a-b,a+b)= x*y =a-b*a+b=-7
```

3.5.3 条件编译

调试程序时，若根据给定的条件对程序进行编译，可使用条件编译命令实现。此时，通常将宏是否定义作为编译的条件，预处理程序根据编译条件对不同的程序段进行编译，从而产生不同的目标文件，得到不同的运行结果。

宏作为条件编译的基本语法格式有两种形式。一种形式如下。

```
#ifdef 宏名
    程序段
#endif
```

其功能是如果宏已被定义，则编译该程序段，否则不编译。条件编译的另一种形式如下。

```
#ifdef 宏名
    程序段 1
#else
```

```
    程序段 2
#endif
```

其功能是如果宏已被定义，则对程序段 1 进行编译；否则对程序段 2 进行编译。

【例 3-14】 分析下列程序的输出结果。

源程序代码

```
#include <iostream>
using namespace std;
#define B
int  main(){
     #ifdef A
          cout<<1<<'\t';              //A
     #endif
          cout<<2<<endl;              //B
     #ifdef B
          cout<<3<<'\t';              //C
          cout<<4<<'\t';              //D
     #else
          cout<<5<<endl;              //E
     #endif
          cout<<endl;
}
```

程序运行结果

```
2
3       4
```

在例 3-14 中，因为没有定义宏 A，所以不编译 A 行；而定义了宏 B，所以编译 C 行和 D 行，不编译 E 行。B 行不在条件编译的范围内。

3.6 变量的作用域与存储类型

C++语言中说明的变量，总是在计算机系统的特定区域，以某种方式占用一定的存储空间，并且在规定范围内有效。这就是变量存储类型和作用域要讨论的问题。

3.6.1 变量的作用域

变量的作用域是指变量的有效使用范围。在 C++语言中，变量的作用域可分为 5 种，即块作用域、文件作用域、函数原型作用域、函数作用域和类作用域。按作用域范围的不同，可将变量分为局部变量和全局变量。局部变量具有块作用域，仅限于在该块内使用；全局变量具有文件作用域，可在整个源程序中使用。这里仅介绍块作用域、文件作用域和函数原型作用域。

1. 块作用域

块作用域也称语句块作用域。所谓语句块，是指程序中用一对花括号括起来的语句序列。在语句块内定义的变量是局部变量，具有块作用域，只能在该语句块内使用，不能在变量所处语句块以外的地方使用该变量。

使用局部变量时需要注意以下两点。

（1）同一个块内不允许定义名称相同的变量，在不同的块内可以定义同名的变量，使用时遵循局部优先规则。

（2）函数的函数体是一个块，其中定义的变量只能在该函数中使用，不能被其他函数使用。函数的形参是局部变量，其作用域为函数体。

【例 3-15】 分析下列程序的输出结果。

源程序代码

```
#include <iostream>
using  namespace  std;
void f(int);
int  main( ){
     int x=1;                    //A
     {
          int x=2;               //B
          cout<<x<<'\t';         //C
     }
     f(x);                       //D
     return 0;
}
void f(int a){
     int b=3;                    //E
     {
          int c=b++;             //F
          cout<<c<<'\t';
     }
     cout<<a<<'\t';
     cout<<b<<endl;              //G
}
```

程序运行结果

```
2    3    1    4
```

在例 3-15 中，A 行定义的变量 x 的作用域为外层语句块，B 行定义的变量 x 的作用域为内层语句块。按照局部优先规则，C 行输出的是 B 行定义的变量 x。D 行调用 f 函数的实参是 A 行定义的变量 x。

外层块包含了内层块，或者说内层块是外层块的一部分，因此可以在内层块中使用外层定义的变量，但不能在外层块中使用内层块定义的变量。例如，在例 3-15 的 f 函数的内层块中，F 行使用了外层块 E 行定义的变量 b；但若将 G 行中的变量 b 改为变量 c，则是一个语法错误。在例 3-15 中，不能将 E 行变量的名 b 改为 a，因为同一个作用域内变量是不能重名的。

在 for 语句表达式 1 位置说明的变量，其作用域为包含 for 语句的块，而不是 for 语句的循环体。for 语句表达式 3 位置使用的变量同样是循环体外定义的变量；循环体中定义的变量，其作用域为循环体。例如，对下列函数编译时将报错，A 行变量 i 重复定义，B 行变量 j 没有定义。

```
void f(){
    for(int i=0; i<3;i++)
          for (int j=0; j<3;j++)
           cout<<i*j;
    for(int i=0; i<3;i++)                        //A
          for (j=0; j<3;j++)                     //B
           cout<<i*j;
}
```

2. 文件作用域

在函数外部定义的变量是全局变量，具有文件作用域，又称外部变量。与局部变量相似，全局变量通常也应该先定义后使用。若使用在前，定义在后，则使用前要用关键字 extern 说明。与局部变量不同，全局变量按静态方式存储，具有默认初始值 0。当局部变量与全局变量同名时，按照局部优先原则，默认使用的是局部变量，要使用全局变量可在变量名称前加作用域运算符“::”。

【例 3-16】 分析下列程序的输出结果。

源程序代码

```
#include <iostream>
using  namespace  std;
int m=3;                              //全局变量定义，初始值为 3
void f(){
     extern int n;                    //A 全局变量说明
     m++;
     n++;
}
int n;                                //全局变量定义，默认初始值为 0
int  main() {
     int m=6;                         //局部变量定义，初始值为 6
     cout<<m<<'\t'<<n<<endl;          //B
     f();
     cout<<::m<<'\t'<<n<<endl;        //C
     return 0;
}
```

程序运行结果

```
6    0
4    1
```

全局变量只有在定义时才能对其初始化，使用 extern 对其做引用性说明时，不能对其赋值。

3. 函数原型作用域

函数原型说明语句中形参的作用域仅限于该原型说明语句，属于函数原型作用域。正因为如此，函数原型说明语句中可以省略函数形参的名称，只需说明形参的类型。例如，函数原型说明语句：

```
int fun(float x, float y);
```

等价于：

```
int fun(float, float);
```

3.6.2 变量的存储类型

计算机系统中的存储空间主要包括外存、内存和中央处理器（CPU）的寄存器等。程序通常不能直接使用外存中的数据，该数据需要调入内存后方可使用；寄存器虽然具有读写速度快的特点，但因其存储容量小，很少用来保存数据；程序设计中的数据主要保存在内存中。计算机的内存空间大体上可分为程序区和数据区两部分，其中数据区又分为静态存储区和动态存储区。

变量定义时的数据类型只是规定了变量占用存储空间的大小，并未说明变量占用存储空间的区域。一个完整的变量说明除了包括数据类型和变量名称外，还应包括变量的存储区域，变量的存储区域通过变量的存储类型加以说明。在 C++语言中，一个变量说明的完整语法格式如下。

存储类型 数据类型 变量名;

在 C++语言中，变量的存储类型包括静态存储类型和动态存储类型两类，具体分为自动类型、静态类型、寄存器类型和外部类型 4 种。其中，自动类型和寄存器类型属于动态存储方式，静态类型和外部类型属于静态存储方式。静态存储类型的变量占用静态数据区的内存空间，具有默认初始值 0，在程序开始执行时就为其分配存储空间，并在整个程序运行期间一直占用内存，直到程序运行结束时才收回内存空间。动态存储类型的变量只在其生命期内占用存储空间，即在程序运行过程中进入其作用域时分配存储空间，退出作用域时，系统将收回为其分配的存储空间，并且动态存储类型的变量没有初始化时，其值不确定。

1. 自动类型变量

自动类型变量是 C++语言中使用最广泛的一种变量，说明其存储类型的关键字为 auto，局部变量的默认存储类型为自动类型。例如：

```
void f(int a){
    float x;
}
```

等同于：

```
void f(auto int a){
    auto float x;
}
```

通常情况下，定义自动变量时可以省略说明存储类型的关键字 auto。从作用域角度看，自动类型变量具有块作用域；从存储方式看，自动类型变量属于动态存储方式，若没有赋初值，则其值不确定。

2. 静态类型变量

说明静态类型变量存储类型的关键字为 static，静态类型变量属于静态存储方式，若没有赋初始值，则具有默认的初始值 0。从作用域角度看，静态类型的变量可以分为局部静态变量和全局静态变量。

（1）局部静态变量是块中用 static 说明的变量。局部静态变量仍然具有块作用域，即仅限于在其所属的块中使用。它与自动类型变量的不同之处除了具有默认初始值 0 外，还体现在生命期不同。即静态局部变量的生命期为整个源程序，出了作用域仍然存在，并保留其值，当再次使用时使用保存的值。

（2）全局变量无论是否用关键字 static 说明其存储类型，都是静态存储变量。用 static 说明的全局变量仅限于在定义它的源程序中使用，而未使用 static 说明的全局变量可以被其他文件使用。

【例 3-17】 分析下列程序的输出结果。

源程序代码

```
# include <iostream>
using  namespace  std;
void f(){
    auto int i=0;                 //A
    static int j,k=1;             //B
    i++;
    j++;
```

```
        k++;
        cout<<i<<'\t'<<j<<'\t'<<k<<'\n';
}
int  main (){
        f();
        f();
        return 0;
}
```

程序运行结果

```
1    1    2
1    2    3
```

例 3-17 程序开始运行时，为变量 j（0）和 k（1）分配静态空间，整个程序运行结束时收回其空间；调用 f 函数时，为变量 i（0）分配动态空间，退出 f 函数时收回空间。第二次调用 f 函数时，因为静态变量 j 和 k 的存储空间已经存在，所以系统不再为其分配空间，即 B 行的静态变量定义语句只在程序开始运行时执行一次，以后不再执行，并且延续上一次使用后的值。变量 j 的值为 1，变量 k 的值为 2，自增后输出 2 和 3。而对于动态变量 i，第一次调用 f 函数时，为其分配的存储空间已经在结束函数调用时被收回，所以系统会再次执行 A 行的定义语句，重新为其分配存储空间并初始化，变量 i 的值为 0，自增后输出 1。

3. 寄存器类型变量

寄存器类型变量是要求系统在 CPU 的寄存器中为其分配存储空间的变量，说明寄存器存储类型的关键字为 register。通常可以将需要频繁操作的自动类型的局部变量说明为寄存器类型变量，以提高程序的执行速度；但是寄存器类型变量只是建议系统在寄存器中分配存储空间，最终是否使用寄存器存储由系统决定。

4. 外部类型变量

外部类型变量是指在函数外部说明的变量。在 C++语言中，在下列两种情况下，需要在函数体内对全局变量做引用性说明。

（1）在同一源程序中，如果全局变量先使用后定义，那么在使用之前需要声明该变量为外部类型变量。

（2）在一个源程序文件中，使用其他文件中定义的全局变量时，使用前需要声明该变量是外部类型变量。此时，该变量不能是用 static 修饰的全局变量。

3.7 程序举例

【例 3-18】 分析下列程序的输出结果。

源程序代码

```
#include <iostream>
using  namespace  std;
void f(int x){
     extern  int i;
     static int j=20;
     int k=30;
     i+=x;
     j+=x;
```

```
    k+=x;
    cout<<i<<'\t'<<j<<'\t'<<k<<endl;
}
int i=10;                                    //A
int  main() {
    for(int i=1;i<3;i++){
        int i=5;
        f(i);                                //B
    }
    cout<<i<<'\t'<<::i<<endl;                //C
    return 0;
}
```

程序运行结果

```
15      25      35
20      30      35
3       20
```

在例 3-18 中，B 行调用 f 函数的参数是主函数内层块中定义的变量 i（5），f 函数中使用的 i 是 A 行定义的全局变量。第一次调用 f 函数时，变量 i、j 和 k 的初始值分别为 10、20 和 30，第二次调用 f 函数时，变量 j 延续第一次调用后的值 25，变量 k 重新定义并初始化为 30。C 行输出的第一个 i 是主函数外层块中定义的变量 i，初始值为 1，第二个 i 是用作用域运算符修饰的全局变量 i。

【例 3-19】 分析下列程序的输出结果。

源程序代码

```
#include <iostream>
using  namespace  std;
int* f(int x1,int &x2,int *x3,int *x4){
    x1=x2;
    x2=*x3;
    *x3=*x4;                                          //A
    x4=&x1;                                           //B
    cout<<x1<<'\t'<<x2<<'\t'<<*x3<<'\t'<<*x4<<endl;
    return &x2;                                       //C
}
int i=10;
int  main(){
    int a(1),b(2),c(3),d(4);
    cout<<*(f(a,b,&c,&d))<<endl;                      //D
    cout<<a<<'\t'<<b<<'\t'<<c<<'\t'<<d<<endl;
    return 0;
}
```

程序运行结果

```
2       3       4       2
3
1       3       4       4
```

在例 3-19 中，参数 x1 是值传递，参数 x2 是引用传递，参数 x3 和参数 x4 是地址传递，对应的实参分别是变量 a、变量 b、变量 c 的地址和变量 d 的地址。因此改变形参 x1 的值不会影响实参 a 的值，而对形参 x2 的操作就是对实参 b 的操作。A 行是将指针 x4 所指的内存空间的内容（实参 c）赋给指针 x3 所指的内存空间（实参 b 的值）；B 行改变的是指针 x4 指向的位置，即指针 x4

原来指向实参 d，赋值后指向形参 x1，该赋值对实参 d 没有影响。f 函数是返回值为指针的函数，调用结束时必须返回一个地址。C 行返回形参 x2 的地址，就是返回实参 b 的地址，D 行输出返回地址所对应的内存空间的值，即变量 b 的值。

【例 3-20】 分析下列程序的输出结果。

源程序代码

```
#include <iostream>
using  namespace  std;
#define FX(x,y) x/y
double fx(double x,double y){
    return x/y;
}
int  main() {
     cout<<FX(4+2,3+1)<<endl;          //A
     cout<<fx(4+2,3+1)<<endl;
     return 0;
}
```

程序运行结果

```
5
1.5
```

在例 3-20 中，A 行输出的是有参宏运算后的结果，其参数分别为 4+2 和 3+1，其扩展过程为：

```
FX(4+2,3+1)= x/y=4+2/3+1
```

故宏扩展后的运算结果为整数 5，注意 2/3 的值为 0。

【例 3-21】 编程实现两个分数的加法运算，并将结果约分为最简分数形式。

程序设计

（1）设计函数 f 进行两个分数的加法运算。

（2）由于两个分数相加必须先通分，故设计函数 f2 求两个数 x 和 y 的最小公倍数。

（3）因为相加后的结果要求为最简分数，故再设计函数 f1 求两个数 x 和 y 的最大公约数。最大公约数可利用最小公倍数求出。

源程序代码

```
#include <iostream>
using namespace std;
int f1(int x,int y){                     //用穷举法求出参数 x 和 y 的最大公约数 t
     int t=x>y?y:x;
     while(x%t||y%t)t--;
     return t;
}
int f2(int x,int y){
     return x*y/f1(x,y);                 //返回参数 x 和 y 的最小公倍数
}
void f(int m1,int d1,int m2,int d2,int &m3,int &d3){
     int t;
     d3=f2(d1,d2);                       //求 m1/d1 与 m2/d2 和的分母
     m3=m1*d3/d1+m2*d3/d2;               //求 m1/d1 与 m2/d2 和的分子
     t=f1(m3,d3);
     m3/=t;
     d3/=t;
```

```
}
int main(){
    int m1,d1,m2,d2,m3,d3;
    cout<<"请输入第一个分数（分子  分母）：";
    cin>>m1>>d1;
    cout<<"请输入第二个分数（分子  分母）：";
    cin>>m2>>d2;
    f(m1,d1,m2,d2,m3,d3);
    cout<<m1<<'/'<<d1<<'+'<<m2<<'/'<<d2<<'='<<m3<<'/'<<d3<<endl;
    return 0;
}
```

程序运行结果

```
请输入第一个分数(分子 分母)：1 6
请输入第二个分数(分子 分母)：1 3
1/6+1/3=1/2
```

在例 3-21 中，f 函数求分数 1（分子 m1/分母 d1）、分数 2（分子 m2/分母 d2）的和——分数 3（分子 m3/分母 d3），并约简。程序需要在调用 f 函数时，通过参数 m3 和 d3 带回两个分数相加的结果，所以参数不能是值传递，应该为地址传递或引用传递。这里选用引用传递。

【例 3-22】 设计程序求[n_1，n_2]区间内的所有素数。要求判断一个整数是否为素数和输出分别用一个函数实现，并按每行 5 个素数的方式输出。

程序设计

（1）设计函数 f 判断参数 n 是否为素数。若参数 n 是素数，则 f 函数返回 1，否则返回 0；函数类型为整数。

（2）设计函数 show 输出 n1 至 n2 区间的素数。

源程序代码

```
#include <iostream>
#include <cmath>
using namespace std;
int f(int n){
    for(int i=2;i<=sqrt(n);i++)
        if(n%i==0)return 0;
    return 1;                           //A
}
void show(int n1,int n2){
    int count=0;
    while(n1<=n2){
        if(f(n1)){
            cout<<n1<<'\t';
            count++;
            if(count%5==0)
                cout<<endl;
        }
        n1++;
    }
    cout<<endl;
}
int  main(){
    int number1,number2;
    cout<<"请输入区间范围(n1 n2)：";
```

```
        cin>>number1>>number2;
        show(number1,number2);
        return 0;
    }
```

程序运行结果

```
请输入区间范围(n1 n2): 100  200
101     103     107     109     113
127     131     137     139     149
151     157     163     167     173
179     181     191     193     197
199
```

在例 3-22 中，因为程序使用了数学库函数 sqrt，所以必须包含头文件 cmath。A 行的 return 语句前不能加 else，否则第一次循环时就结束了 f 函数的调用。在 show 函数中，遍历 n1 至 n2 之间的所有整数，遍历过程中通过调用 f 函数判断其是否为素数，若是素数，则按题目要求的格式输出。其中，变量 count 为素数计数器，用以统计得到的素数个数。

【例 3-23】 利用函数求 e^x 的近似解，要求最后一项小于 10^{-6}，求 e^x 的近似公式如下。

$$e^x=1+\frac{x}{1!}+\frac{x^2}{2!}+\frac{x^3}{3!}+\cdots+\frac{x^n}{n!}$$

程序设计

（1）定义递归函数 int f(int n)，求 $n!$。

（2）定义递归函数 int fun(int x,int n)，求 x^n。

（3）定义函数 double sum(int x)，求各项的和，即 e^x 的值。

源程序代码

```
#include <iostream>
using namespace std;
int f(int n){
     if(n==0||n==1) return 1;
     else return n*f(n-1);
}
int fun(int x,int n){
    if(n==0) return 1;
    else if(n==1)return x;
    else return fun(x,n/2)*fun(x,n-n/2);
}
double sum(int x){
    double s=0,t;
    int n=0;
    do{
        t=1.0*fun(x,n)/f(n);
        s+=t;
        n++;
    }while(t>=1e-6);
    return s;
}
int  main(){
    int x;
    cout<<"请输入正整数 x: ";
    cin>>x;
```

```
    cout<<'e'<<'^'<<x<<'='<<sum(x)<<'\n';
    return 0;
}
```

程序运行结果

请输入正整数 x：2
e^2=7.38867

在例 3-22 中，因为考虑到 fun 函数的参数 n 为整数，以及 C++语言整除的特性，即当 n 为整数时，n/2+n/2 不一定等于 n，所以递归公式不能写成 fun（x，n/2）* fun（x，n/2）。

sum 函数中为避免因整除而导致 e^x 值的小数部分被丢失，求通项时先乘实数 1.0。求通项 $\frac{x^n}{n!}$ 也可以通过一个递归函数实现。$\frac{x^n}{n!}$ 的递归定义如下。

$$\frac{x^n}{n!}=\begin{cases}1 & n=0\\ \frac{x^{n-1}}{(n-1)!}\times\frac{x}{n} & n>0\end{cases}$$

此时，递归函数可定义如下。

```
double fun(int x,int n){
    if(n==0) return 1;
    else return fun(x,n-1)* x/n;
}
```

3.8 习　　题

1. 设计程序用迭代法求方程 $3x^3-2x^2+5x-7=0$ 在 1 附近的一个根，精确达到 10^{-6}。牛顿迭代公式为 $x=x-f(x)/f'(x)$。要求定义两个函数分别求 $f(x)$ 和 $f'(x)$ 的值。

2. 设计程序求 100 以内的孪生素数对，要求用一个函数判断某一正整数是否为素数。所谓孪生素数对，是指差为 2 的一对素数。

3. 设计程序求组合数 $C(m, r)$。其中 $C(m, r)=m!/(r!\times(m-r)!)$，$m$ 和 r 为正整数，且 $m>r$。要求设计两个函数分别求阶乘和组合数。

4. 设计程序将十进制整数转换为十六进制整数。用递归法将十进制整数 n 转换为十六进制整数的方法是求出 n 与 16 相除的余数 t（t=n%16），并逆序输出，然后以 n/16 作为参数调用递归函数，直到参数小于 10 为止。为了实现逆序输出，应将输出语句置于递归语句之后，将大于等于 10 的余数 t 转换为相应十六进制数的方法是 “char('A'+t-10)”。

5. 设计程序，分别用宏定义和函数求圆的面积，其中圆的半径可以为表达式。

第4章 数组

程序设计时，经常涉及大量针对同类型数据的操作，如保存班级所有同学的成绩、输出其通信地址等。这些操作用基本数据类型的变量较难处理。为此，C++语言引入了数组。本章主要介绍数组的定义、初始化及其使用方法。

4.1 数组的概念与定义

数组是由有限个数据类型相同的变量组成的集合，其中的每个变量称为数组元素。具有一个下标的数组称为一维数组，具有两个下标的数组称为二维数组，以此类推。二维及以上的数组统称为多维数组。根据数组保存的数据类型，又可以将其分为整型数组、实型数组和字符数组等。

4.1.1 一维数组

1. 一维数组的定义

在C++语言中，定义一维数组的一般格式如下。

存储类型 数据类型 数组名[数组大小];

其中，数组的数据类型是每个元素的数据类型；数组名为合法的标识符；数组大小是指数组中元素的个数，必须是大于 0 的常量表达式，通常为整型，或者能够自动转换为整型的确定值。

例如，要说明一组变量保存50位同学的数学成绩，可以通过定义下列一维数组实现。

```
float math[50];
```

数组在计算机内存中是按照元素的先后次序连续存放在一起的，如图4-1所示。

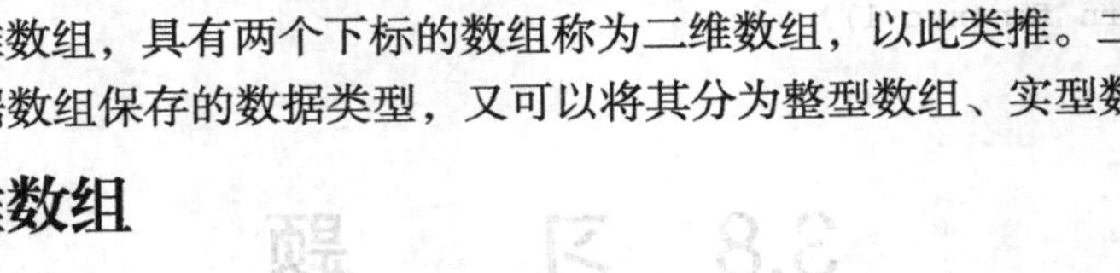

图 4-1 一维数组和元素

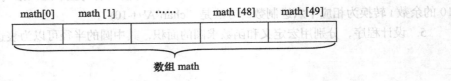

其中，数组名 math 是该存储空间的首地址，即元素 math[0]的地址（&math[0]），math 是一个常量。

数组 math 在定义时没有说明存储类型，若定义在块外，则具有文件作用域，按静态方式存储，各元素具有默认的初始值 0。若定义在块内，默认类型为 auto 类型，各元素的值不确定。

与变量类似，数组在使用前必须先定义。在使用时，各元素通常应该有确定的值。

2. 一维数组的初始化

除了可以在定义后用赋值语句对数组的各元素赋值外，还可以在数组定义时赋初值，即数组的初始化。一维数组初始化的常用方法有以下两种。

（1）以集合的形式列出所有元素的值。例如：

```
int a1[5]={1,3,5,7,9};  //a1[0]、a1[1]、a1[2]、a1[3]、a1[4]的值分别为 1、3、5、7、9
```

（2）以集合的形式列出部分元素的值，其余元素的值为 0。例如：

```
int a2[5]={2,4,6 };  //a2[0]、a2[1]、a2[2]的值分别为 2、4、6，a2[3]、a2[4]的值为 0
```

定义一维数组时，若进行了初始化，可省略数组大小，此时由给出的数据个数确定数组大小，即集合中有多少个数据，数组大小就为多少。例如：

```
int a3[ ]={3,6,9};
```

定义了一维数组 a3，元素个数为 3，元素的值分别为 3、6、9。

初始化数组时要注意以下两点。

（1）用于初始化数组的数据个数可以小于或等于数组大小，但不能大于数组大小。例如，下列的初始化是错误的。

```
int a4[5]={1,2,3,4,5,6};          //错误
```

（2）用集合对数组初始化时，必须在数组定义的同时进行，不能先定义数组，然后再用集合赋值。例如，以下的赋值都是错误的。

```
int a5[5];
a5={1,2,3,4,5};                   //A
a5[5]={1,2,3,4,5};                //B
```

A 行数组名 a5 是一个地址常量，不能通过赋值语句改变其值。在 B 行中，a5[5]是数组 a5 中下标为 5 的元素，这是一个越界的元素，即数组中并不存在这个元素。要说明的是，编译器在编译程序时，不会检查元素下标是否越界，即在程序中出现 a5[5]时，并不报错。此时的报错是因为不能用集合对元素赋值。

3. 一维数组的使用

数组的使用通常是针对元素的，即不能直接使用整个数组，而应该操作数组的各个元素，引用一维数组元素的一般格式如下。

数组名[元素位置]

在 C++语言中，第一个元素的下标为 0，即数组元素的位置从 0 开始，到数组大小减 1 为止。元素的位置通常为整型的变量或常量表达式，必须置于下标运算符“[ ]”中。

数组操作通常通过循环语句来实现，用循环控制变量对应于元素的位置。例如，对一维数组可通过单层循环实现遍历，循环控制变量从 0 开始依次增加到数组大小减 1 为止。

【例 4-1】 从键盘输入 10 个整数，并按 5 个一行的方式输出。

程序设计

（1）定义具有 10 个元素的整型数组 a，用于保存从键盘输入的数据。

（2）通过循环语句从第一个元素到最后一个元素遍历数组，循环控制变量即为元素的下标，在遍历过程中输入每个元素。

（3）再次通过循环语句遍历数组，输出每个元素，若输出的元素个数是 5 的倍数，则换行。

源程序代码

```
#include<iostream>
using namespace std;
int main(void) {
      int a[10],i;
      cout<<"请输入十个整数：";
      for(i=0;i<10;i++)cin>>a[i];          //A
      cout<<"输入的数据为：\n";
      for(i=0;i<10;i++)     {
            cout<<a[i]<<'\t';
            if((i+1)%5==0)cout<<'\n';      //B
      }
      cout<<'\n';
      return 0;
}
```

程序运行结果

```
请输入十个整数：1 2 3 4 5 6 7 8 9 10
输入的数据为：
1       2       3       4       5
6       7       8       9       10
```

在例 4-1 中，从键盘输入整数赋值给数组 a 时，只能逐个输入元素，不能整体输入，如 A 行所示。同样，程序中若出现语句“cout<<a;”，虽然不是语法错误，但不能输出数组中的各个元素，而是输出数组的首地址。B 行的作用是输出 5 的倍数个元素后，输出一个换行符，注意 if 语句的条件，因为数组中位置为 i 的元素是第 i+1 个元素。

4.1.2 二维数组

1. 二维数组的定义

在 C++语言中，定义二维数组的一般格式如下。

存储类型　数据类型　数组名[数组行数][数组列数];

从二维数组的定义格式可以看出，二维数组的大小是用数组的行数和列数表示的，其元素个数为行数和列数的积。与一维数组相似，定义二维数组时，表示数组大小的行数和列数都必须大于 0，且通常为整型常量表达式，分别置于两个下标运算符中。例如：

```
int b[3][4];
```

定义了一个 3 行 4 列的二维数组，共有 12 个元素，如图 4-2 所示。

第一行(b[0])	b[0][0]	b[0][1]	b[0][2]	b[0][3]
第二行(b[1])	b[1][0]	b[1][1]	b[1][2]	b[1][3]
第三行(b[2])	b[2][0]	b[2][1]	b[2][2]	b[2][3]

图 4-2　二维数组和元素

可以将二维数组看成特殊的一维数组，即将二维数组的每一行都看成一个元素。图 4-2 中的 3 行 4 列的二维数组 b 由 3 个特殊元素组成，分别是 b[0]、b[1]和 b[2]，而每个特殊元素又是一个一维数组，其元素个数为二维数组的列数，如 b[0]由 b[0][0]、b[0][1]、b[0][2]和 b[0][3] 4 个元素组成，同时可以将 b[0]看成是该一维数组的数组名。同样，b[1]既是 b 的第二个元素，也是由 4 个元素组成的一维数组。

在 C++语言中，二维数组的元素在计算机内存中按照先行后列的次序连续存放。上述二维数组 b 在计算机中的存储方式如图 4-3 所示。

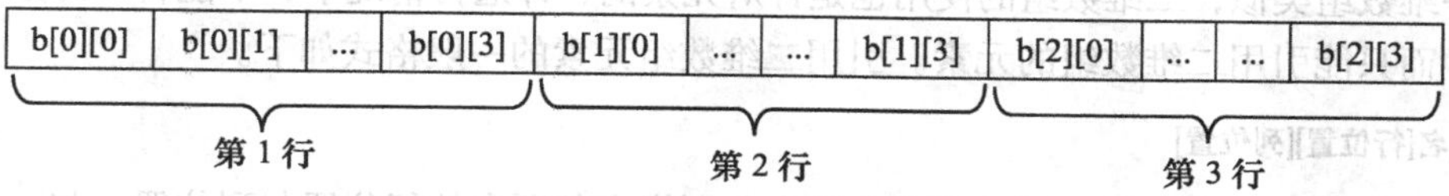

图 4-3　二维数组的存储

从图 4-3 可以看出，一维数组和二维数组在计算机中的存储方式相同，只是表示方式不同。图 4-2 中的二维数组 b 等同于一个具有 12 个元素的一维数组。假设该一维数组的数组名为 p，则 b[0][0]即 p[0]，b[0][1]即 p[1]，b[1][0]即 p[4]，b[i][j]即 p[i×4+j]，如图 4-4 所示。

二维数组 b	b[0][0]	b[0][1]	...	b[i][j]	...	b[2][3]
一维数组 p	p[0]	p[1]	...	p[i×4+j]	...	p[11]

图 4-4　二维数组与一维数组

2. 二维数组的初始化

与一维数组类似，静态二维数组的各元素具有初始值 0，动态二维数组若没有初始化，各元素的值就不确定。在定义二维数组时，同样可以给每个元素赋初始值，其初始化的常用方法如下。

（1）以行为单位，列出所有元素或部分元素的值，没有列出的元素值为 0。例如：

```
int b1[3][3] = { {1,2,3},{4,5,6},{7,8,9}};
int b2[3][3] = { {1,2}, {3,4,5}};
```

数组 b1 列出了所有元素的值，从前到后依次为 1、2、3、4、5、6、7、8、9。数组 b2 列出了部分元素的值，其中第一行的第一个和第二个元素的值分别为 1 和 2，第二行元素的值依次为 3、4、5，其他元素的值皆为 0。

（2）按元素的存储顺序，列出全部或部分元素的值，没有列出的元素值为 0。例如：

```
int b3[3][3] = { 1,2,3,4,5,6,7,8,9};
int b4[3][3] = { 1,2,3,4,5};
```

数组 b3 各元素的值依次为 1、2、3、4、5、6、7、8、9。数组 b4 中第一行元素的值依次为 1、2、3，第二行元素的值为 4、5、0，第三行元素的值为 0、0、0。

定义并初始化二维数组时要注意以下几点。

（1）可给出二维数组的列数，而省略其行数，此时由列出数据的个数确定数组的行数。例如：

```
int b5[ ][3]={ {1,2},{3,4}};              //数组 b5 为 2 行
int b6[ ][3]={ 1,2,3,4,5,6,7,8};          //数组 b6 为 3 行
```

（2）不能仅给出二维数组的行数，而省略其列数，因为此时无法确定数组的列数。例如，下

列数组的定义是错误的。

```
int b7[3][ ]={ 1,2,3,4,5};                    //错误
```

（3）用于初始化二维数组的数据个数，无论是行数还是列数，都必须小于等于数组的大小。例如，下列数组的定义是错误的。

```
int b8[3][4]={ 1,2,{3,4,5,6,7},8};            //错误
```

3. 二维数组的使用

与一维数组类似，二维数组的使用也是针对元素的，即通常情况下，不能将二维数组作为整体引用，而只能引用二维数组的元素。引用二维数组元素的一般格式如下。

数组名[行位置][列位置]

引用二维数组的元素时，通常用两个下标分别指出其所在的行位置与列位置。与一维数组类似，行与列的位置皆从 0 开始，到行数或列数减 1 为止。通常，用两层嵌套的循环来操作二维数组，一层控制行，另一层控制列，循环控制变量分别与行位置和列位置对应。

【例 4-2】 用下列数据初始化二维数组，并按矩阵的方式输出。

1	2	3	4	5
6	7	8	9	10
11	12	13	14	15

程序设计

（1）定义 3 行 5 列的整型二维数组 b，并用题目给出的数据初始化。

（2）用两层循环遍历数组，外循环控制行，从第一行开始，到第 3 行结束；内循环控制列，从第一列开始，到第 5 列结束。

（3）元素之间用水平制表符‘\t’分隔，行之间用换行符‘\n’分隔。

源程序代码

```
#include<iostream>
using namespace std;
int main(void) {
    int b[3][5]={{1,2,3,4,5},{6,7,8,9,10},{11,12,13,14,15}},i,j;
    for(i=0;i<3;i++) {                    //外循环控制行
        for(j=0;j<5;j++)                  //内循环控制列
            cout<<b[i][j]<<'\t';          //第一个下标 i 为行，第二个下标 j 为列
        cout<<'\n';
    }
    cout<<'\n';
    return 0;
}
```

程序运行结果

```
1       2       3       4       5
6       7       8       9       10
11      12      13      14      15
```

因为例 4-2 中的外循环控制行，内循环控制列，所以输出顺序是先行后列。外循环的循环体中有两条语句：内循环语句和输出换行符语句。若外循环控制列，内循环控制行，则可将数组按先列后行的顺序转置输出，程序段如下。

```
for(i=0;i<5;i++) {
     for(j=0;j<3;j++)
          cout<<b[j][i]<<'\t';        //第一个下标 j 为行，第二个下标 i 为列
     cout<<'\n';
}
```

上述程序段执行后输出如下。

```
1    6    11
2    7    12
3    8    13
4    9    14
5    10   15
```

4.2 字符数组与字符串

字符数组是数据类型为字符型的数组，每个元素都是字符型变量，存放一个字符，在内存中占一字节。字符数组可以整体使用，如输入/输出、用字符串处理函数操作等。

4.2.1 字符数组的定义及初始化

1. 字符数组的定义

定义字符数组的格式如下。

存储类型 char 数组名[数组大小];

例如，说明语句：

```
char str[8];
```

定义了一个具有 8 个元素的字符数组 str，可存放 8 个字符，其与字符串“student”的存储如图 4-5 所示。

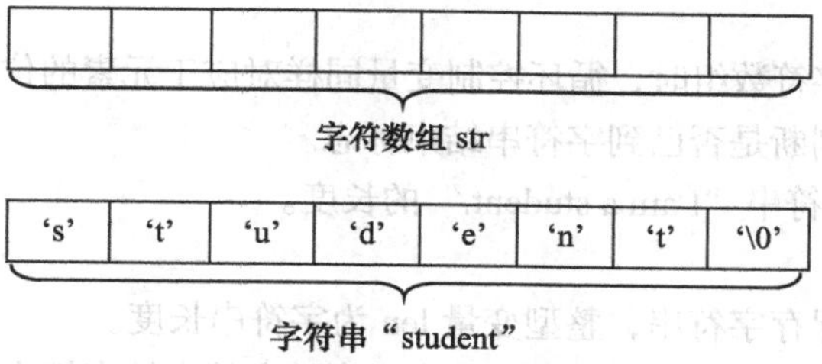

图 4-5 字符数组和字符串的存储

对比字符数组和字符串，不难发现它们是非常相似的，其主要异同点有以下几个方面。

（1）它们在数据类型上是相同的，都是字符集合，可以存放一串字符。

（2）字符数组是字符变量的集合，而字符串是字符常量的集合，即字符数组中存储的字符是可以改变的，而字符串中的字符是不能改变的。

（3）字符串均含有字符串结束标志‘\0’，而字符数组不一定含有字符串结束标志。

定义字符数组时，数组大小也应该是一个大于 0 的常量表达式。若字符数组是静态类型，则

数组中的每个元素都是字符串结束标志；若是自动类型，则各个元素的值都不确定。

2. 字符数组的初始化

定义字符数组时，同样可以对其赋初始值，字符数组初始化的方法主要有下列 3 种。

（1）用列表对每个元素赋值，未列出值的元素的值为 0。例如：

```
char s1[10]={'s', 't', 'u', 'd', 'e', 'n', 't'};
char s2[]={115,116,117,100,101,110,116};
```

由于字符在计算机中是用对应的 ASCII 码值表示的，所以初始化字符数组的数据既可以是字符，也可以是对应的整数。数组 s1 中有 10 个字符，数组 s2 中有 7 个字符；s1 与 s2 中的前 7 个字符相同，依次是 ‘s’、‘t’、‘u’、‘d’、‘e’、‘n’、‘t’。s1 中的后 3 后字符都是 ASCII 码值为 0 的字符，即字符串结束标记 ‘\0’。s2 中没有结束标记，使用时极易引起错误。

（2）直接用字符串初始化字符数组。例如：

```
char s3[10]="student";
char s4[]="student";
```

（3）将字符串置于列表中初始化字符数组。例如：

```
char s5[10]={"student"};
```

数组 s3 和 s5 的数组大小、存储的内容与数组 s1 相同；数组 s4 中有 8 个字符，前 7 个与 s2 中的字符相同，最后一个是字符串结束标志 ‘\0’。特别需要注意的是，字符串中隐含了一个字符串结束标志，如字符串 “student” 有 8 个字符，最后一个是字符串结束标志。用于初始化字符数组的字符串的大小必须小于等于字符数组的大小，如下的字符数组定义和初始化是错误的。

```
char s6[7]={"student"};
```

4.2.2 字符数组的使用

字符数组可以像普通的一维数组一样，通过对每个元素的操作使用数组。不同的是，还可以对字符数组进行特定的整体操作。

1. 字符数组的遍历

通过循环语句遍历字符数组时，循环控制变量同样对应于元素的位置，但循环条件不是判断字符数组的大小，而是判断是否已到字符串结束标志。

【例 4-3】 编程求字符串 “I am a student.” 的长度。

程序设计

（1）定义字符数组保存字符串，整型变量 len 为字符串长度。

（2）通过循环语句从第一个元素到最后一个元素（字符串结束标志，即 ‘\0’）遍历数组，每循环一次，字符串长度加 1。

（3）遍历结束后，len 的值即为字符串的长度。

源程序代码

```
#include<iostream>
using namespace std;
int main(void) {
    char s[100]="I am a student.";
    int len=0,i;
```

```
    for(i=0;s[i]!='\0';i++)
        len++;
    cout<<"字符串长度为："<<len<<endl;
    return 0;
}
```

程序运行结果

```
字符串长度为：15
```

在例 4-3 中，字符数组的大小为 100，而字符串的大小为 16。遍历字符数组的循环条件是当前字符不等于字符串结束标记。由于字符串结束标记是 ASCII 码值为 0 的字符，它等同于整数 0 或逻辑值假 false，因而循环条件也可改为"s[i]!=0""s[i]!=false""s[i]"等其他形式。因为在程序中，变量 i 和 len 的初始值相等，且同步变化，所以遍历结束后，i 的值也是字符串的长度。

编程时，注意字符串长度和字符串大小的区别。字符串的长度是指字符串中有效字符的个数，即第一个结束标记前的元素个数，有效元素不包括字符串结束标记。而字符串的大小是指字符串中所有元素（包括字符串结束标志）的个数，等于字符串占内存的字节数（每个字符在内存中占一个字节）。若求该字符串的大小，例 4-3 中的循环语句可修改为：

```
do{
    i++,len++;
}while(s[i]);
```

2. 字符数组的输入/输出

与普通数组不同，字符数组允许整体输入和整体输出。用 cout 语句可以输出整个字符数组，其一般格式如下。

```
cout<<字符数组名;
```

字符数组的整体输入有 cin 和 cin.getline 两种方法，其一般格式如下。

```
cin>>字符数组名;
cin.getline (字符数组名, 数组大小);
```

用 cin 输入时，键盘输入的字符串中的空格字符是数据分隔符，而 cin.getline 将空格字符作为输入数据的一部分。cin.getline 函数的第二个参数是允许从键盘输入的字符个数，包含字符串结束标志。

对于例 4-3，若不初始化字符数组，而从键盘输入字符串，并在程序执行时输出字符串，则主函数的函数体可改为：

```
char s[100];
int len=0,i;
cout<<"请输入一个字符串：";
cin.getline(s,100);                      //A
for(i=0;s[i]!='\0';i++)
    len++;
cout<<"字符串为：";
cout<<s<<endl;
cout<<"字符串长度为："<<len<<endl;
```

对于上述程序段，当输入"I am a student."时，输出的字符串长度为 15。若将 A 行改为"cin>>s;"，同样的输入，输出的字符串长度为 1。

4.2.3 字符串处理函数

C++语言提供了一组整体使用字符数组（字符串）的库函数，称为字符串处理函数，简称字符串函数。字符串函数存放在头文件 cstring 中。字符串函数为操作字符数组提供了更便捷的途径和方法。

下面介绍几个常用的字符串处理函数。

1. 字符串拷贝函数

字符串拷贝函数的原型如下。

```
char * strcpy(char *, char *);
```

字符串拷贝函数常用于字符数组间的赋值，其功能是将第二个参数赋值给第一个参数。其中第一个参数必须是字符数组，第二个参数可以是字符数组，也可以是字符串常量，并且第一个参数的数组大小必须大于等于第二个参数的数组（字符串）大小。例如：

```
char s1[20],s2[20],s3[20]="China";
strcpy(s1,s3);              //s1 中的内容为"China"
strcpy(s2,"China"):         //s2 中的内容为"China"
```

2. 字符串拼接函数

字符串拼接函数的原型如下。

```
char * strcat(char *, char *);
```

字符串拼接函数的功能是将第二个参数拼接到第一个参数的后面，第一个参数必须是有字符串结束标记的字符数组，数组大小满足拼接的要求。例如：

```
char s1[20]="and ",s2[80]="teacher ";   //and 和 teacher 串后分别有一个空格
strcat(s2,strcat(s1,"student"));        //拼接后 s2 中的内容为"teacher and student"
```

字符串拷贝函数和字符串拼接函数的类型都为字符型指针。函数的返回值是拷贝或拼接后的第一个参数，可以作为字符串继续参与运算。

3. 字符串比较函数

字符串比较函数的原型如下。

```
int strcmp(char *, char *);
```

字符串比较函数的功能是比较两个字符数组或字符串的大小，函数类型为整型，即运行结果是一个整数。若两个字符串相等，则返回 0，若第一个大于第二个，则返回 1，若第一个小于第二个，则返回-1。字符串比较的规则是：从两个字符串的首字符开始，从左到右依次比较对应字符的 ASCII 码值，直到出现两个不同的字符或同时遇到字符串结束标志为止。比较终止时，字符 ASCII 码值大的其字符串也大。若同时为字符串结束标志，则两个字符串相等。例如：

```
char s1[ ]="ac",s2[ ]="abc",s3[ ]="abc ", s4[ ]="abc\0xyz"; //s3 的 abc 串后有一个空格
int  i=strcmp(s1,s2),j=strcmp(s2,s3),k=strcmp(s2,s4);
```

计算结果是 i 的值为 1，j 的值为-1，k 的值为 0。

4. 求字符串长度函数

求字符串长度函数的原型如下。

int strlen (char *);

求字符串长度函数的类型为整型，返回参数（字符数组或字符串）的长度，即第一个结束标志前的字符个数。例如：

```
char s1[ ]="abc def",s2[10]="abc\0def";
int n1=strlen(s1),n2=strlen(s2);                //n1 的值为 7，n2 的值为 3
```

注意 strlen 函数与 sizeof 运算符的区别，sizeof 所求的是数据（常量、变量、类型等）在计算机内存中所占的字节数。例如，sizeof(s1)的值为 8，即字符串"abc def"的大小为 8。sizeof(s2)的值为 10，即数组 s2 的大小为 10。

5. 字符串查找函数

字符串查找函数的原型如下。

char * strstr (char *, char *);

字符串查找函数的功能是在第一个参数（母串）中查找第二个参数（子串）。若子串在母串中出现，则返回子串在母串中首次出现的起始位置（地址），否则返回 NULL。NULL 是 C++语言预定义的一个符号常量，其值为 0。例如：

```
char s1[]="I am a student, you are a student.",s2[]="student",s3[10]="";
char *p1=strstr(s1,s2),*p2=strstr(s1,"students"),*p3=strstr(s1,s3);
```

执行上述程序段后，p1 的值为&s1[7]；p2 的值为 0，表示该指针不指向任何变量，也称指针悬空。C++语言规定空字符串（简称空串）是所有字符串的子串。当子串是空串时，函数返回母串的首地址，故 p3 的值为&s1[0]。

【例 4-4】 设计一个程序，将一个字符串插入另一个字符串的指定位置。例如，在"We China."的第 3 个字符后插入"love "，使之成为"We love China."。

程序设计

（1）定义字符数组 str1 保存"love "，字符数组 str2 保存"We China."，字符数组 str 存放处理过程中的临时字符串。

（2）将数组 str2 中第 3 个字符后的字符串"China."复制到临时数组 str 中，即 strcpy（str, str2+3）。

（3）将数组 str1 复制到数组 str2 的第 3 个字符后，即 strcpy（str2+3，str1）。

（4）将临时数组 str 拼接到 str2 后，即 strcat（str2，str）。

源程序代码

```
#include<iostream>
#include<cstring>
using namespace std;
int main(void) {
      char str1[50]="love ",str2[100]="We China.",str[50];
      strcpy(str,str2+3);                  //A，将"China"复制到 str 中
      strcpy(str2+3,str1);                 //B， str2 中的字符串为"We love "
      strcat(str2,str);                    //str2 中的字符串为"We love China."
      cout<<str2<<endl;
      return 0;
}
```

程序运行结果

```
We love China.
```

在字符串处理函数中，如果参数的后面加整数，则表示从下标为该整数的字符开始操作。例如，A 行是从 str2 的下标为 3 的字符（第 4 个字符‘C’）开始复制，B 行是复制到 str2 的下标为 3 的字符处。

4.3 数组与指针

在 C++语言中，由于数组名就是数组在计算机内存空间的首地址，故用指针可以代表其所指位置的数组，通过指针能方便地使用数组的内存空间。

4.3.1 指针变量的运算

指针变量（简称指针）能参与的运算主要包括赋值运算、部分算术运算、关系运算和逻辑运算。指针运算时，一方面要注意指针所指的位置必须明确，其操作的内存空间要合法，另一方面要分清操作对象是指针本身，还是指针所指的内存空间。

1. 赋值运算

对指针本身的赋值运算是改变指针所指的位置，对指针所指的内存空间的赋值运算是改变指针所指对象的内容。例如：

```
int a[5]={1,2,3,4,5},*p1,*p2;          //A
p1=a;                                  //p1 指向 a[0]
*p1=10;                                //a[0]的值赋成 10
*p2=5;                                 //B，逻辑错误
```

指针在明确所指对象之前，不能对其所指的内存空间赋值。例如，A 行在定义指针变量 p1、p2 时，并未对其初始化，其所指对象是不明确的。若对其所指的内存空间赋值将会出现内存引用错误。如 B 行语句虽然没有语法错误，但执行时会出现内存引用的逻辑错误。

通常情况下，不能将一个具体的值赋给指针变量，除非该值是 NULL，即 0。值为 NULL 的指针称为悬空的指针，简称空指针。对于悬空的指针，或者所指内存空间不允许修改的指针，也不能对其所指内存空间赋值。

2. 算术运算

对指针所指内存空间的算术运算等同于变量的算术运算，对指针本身的算术运算只有在连续的数组空间才具有实际意义，并且移动指针时，其所指位置一般不宜超出数组的范围。指针本身的算术运算通常仅限于以下两个方面，一般情况下不能参与其他的算术运算。

（1）指针加/减上一个整数，表示其后/前的整数个存储单元的地址。如果是元素指针，则是其后/前若干元素的地址；如果是行指针，则是其后/前若干行的行地址。

（2）两个指针相减，表示它们相隔多少个存储单元。例如：

```
int a[5]={1,3,5,7,9},*p1=&a[3],*p2,*p3;   //p1 指向 a[3]，p2、p3 不确定
p2=p1+1,p3=p1-2;                          //A，p2 指向 a[4]，p3 指向 a[1]
p2--,p3++;                                //B，p2 指向 a[3]，p3 指向 a[2]
*p3++=*p2++;                              //C，a[2]赋值为 7，p2 指向 a[4]，p3 指向 a[3]
```

```
++*p1=++*p2;                        //D, a[3]自增为 8, a[4]自增为 10 后, 将 10 赋给 a[3]
int n=p2-p1,m=p3-p2;                //E
```

执行 A、B、C、D 行语句后，指针 p3 指向元素 a[3]，指针 p2 指向元素 a[4]。故执行 E 行后，变量 n 的值为 1，变量 m 的值为−1。

3. 关系运算

指针变量可以参加所有的关系运算，用于判断指针所指的位置关系。当位置关系成立时，运算结果为逻辑值真（true 或 1）；当位置关系不成立时，其结果为逻辑值假（false 或 0）。例如：

```
int a[5]={1,3,5,7,9},*p1,*p2,*p3;
p1=p2=a,p3=a+2;
```

则 p1==p2、p1>=p2、p1<=p2、p1<p3、p3>p2 的值皆为真，p1!=p2、p1>p2、p1<p2、p1>=p3、p3<p2 的值皆为假。

4. 逻辑运算

指针变量也可以参加所有的逻辑运算。当指针悬空时，即值为 NULL（0）时，相当于逻辑值假；当指针不悬空时，相当于逻辑值真。例如：

```
int a[5]={1,3,5,7,9},*p1=a,*p2=0;
```

则 p1、!p2、p1||p2 为真，p2、p1&&p2 为假。

4.3.2 一维数组与指针

一维数组的数组名是第一个元素的地址。通过指针操作一维数组时，可定义一个指针变量指向数组的第一个元素。此时，可以用指针变量名代替数组名，实现数组的操作。例如，对一维数组的遍历，可通过循环语句完成。遍历过程中指针所指的位置不变，仅将数组名改为指针变量名。

上述指针变量所指向的对象是一维数组的元素，通常称为元素指针。通过元素指针操作一维数组还有另外一种方法，即指针变量从前到后依次指向数组中的各个元素，通过指针的取值运算得到对应元素的值。此时，指针变量所指的位置将不断发生变化，当指针不再指向数组的第一个元素时，指针变量也不再能表示原数组。

【例 4-5】 用下列数据初始化一维数组，并通过指针变量求元素的最大值。

8.2　6.5　3　9.7　12　2.8　7.6　15　10.3

程序设计

（1）定义实型数组 b，并用给出的数据对其初始化。定义实型指针 p，并使其指向首元素。定义实型变量 max 表示最大值，并将首元素作为其初值。

（2）以指针变量名 p 代替数组名 b，通过循环语句输出数组的各元素。

（3）指针 p 从第二个元素开始遍历数组，遍历过程中将比 max 大的元素赋给 max。遍历结束后，max 中的值即为元素的最大值。

源程序代码

```
#include<iostream>
using namespace std;
int main(void) {
    double b[]={8.2,6.5,3,9.7,12,2.8,7.6,15.6,10.3};
    double *p=b,max=b[0];
    cout<<"数组为: \n";
    for(int i=0;i<9;i++){                    //输出数组
```

```
            cout<<p[i]<<'\t';                   //A, p[i]等同于b[i]
            if((i+1)%5==0)cout<<'\n';
    }
    cout<<endl;
    p++;                                        //p指向b[1]
    for(i=0;i<8;i++){                           //求最大元素
            if(*p>max)max=*p;
            p++;                                //p后移一个元素
    }
    cout<<"元素的最大值为: "<<max<<"\n";
    return 0;
}
```

程序运行结果

```
数组为:
8.2    6.5    3      9.7    12
2.8    7.6    15.6   10.3
元素的最大值为: 15.6
```

在例 4-5 中，A 行的 p[i]可以表示成*（p+i）、*（&p[i]）、b[i]、*（b+i）、*（&b[i]），它们都是数组中下标为 i 的元素。

使用指针操作数组时，指针类型必须与数组类型一致。例如，在例 4-5 中，数组和指针皆为 double 型，若将指针改为 float 型，则是一个编译时的语法错误。同时，还要注意指针所指的位置。在例 4-5 中，求最大元素后，p 指向了元素 b[8]的后面，此时的 p 已不能代表数组 b，即 p[i]不再等同于 b[i]。指针变量只能代表其所指向的数组。设有定义如下。

```
int a[8],*p;
p=&a[3];
```

当指针 p 指向元素 a[3]时，其代表的是从 a[3]开始，到 a[7]为止的数组，如图 4-6 中的虚线部分所示。此时，p[0]就是 a[3]，p[1]就是 a[4]，以此类推，数组 p 中的最后一个元素 p[4]就是 a[7]。当指针 p 指向数组 a 中下标为 n 的元素时，p[i]等同于 a[i+n]。此时，n 应该小于数组的大小，且 i 小于数组的大小减 n。

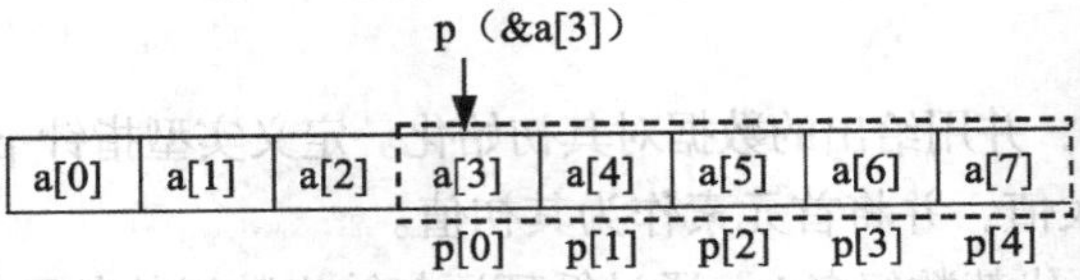

图 4-6　一维数组和指针

4.3.3　二维数组与指针

1. 元素指针与行指针

二维数组的元素与一维数组的元素都等同于一个普通变量，虽然表现形式不同，但本质上是一样的，所以二维数组元素指针与一维数组元素指针的定义方式相同，使用方法相似。例如：

```
float b[4][5],*p1;          //定义二维数组b和元素指针p1
p1=&b[0][0];                //p1指向二维数组第一个元素，其中&b[0][0]是元素地址
```

与一维数组类似，二维数组的数组名也是一个地址，上述数组名 b 是 b[0]的地址&b[0]，表示数组存储空间的首地址，而不是元素 b[0][0]的地址&b[0][0]。即作为指针的数组名 b 指向的对象是 b[0]，而不是元素 b[0][0]。因为 b[0]由 5 个元素组成，是二维数组 b 的第一行，所以二维数组的数组名是一个行地址。存放行地址的指针变量称为行指针。由于二维数组的每行元素都是一个一维数组，数组大小为二维数组的列数，所以行指针也称为指向一维数组的指针。定义行指针的一般格式如下。

数据类型 (*指针变量名)[二维数组列数];

其中，数据类型应与指向的二维数组的数据类型相同，下标为二维数组的列数，通常为整型常量表达式。定义行指针时注意，必须用“( )”将指针变量名括起来，否则，定义的不是指针变量，而是指针数组。例如，指向上述二维数组 b 的行指针 p2 应定义如下。

```
float (*p2)[5];
```

对行地址进行取值运算可以得到元素地址，再对元素地址进行取值运算即可得到二维数组的元素。当行指针指向二维数组的第一行时，如 p2=b，则 p2+i 是数组 b 中下标为 i 行的行指针。对该行指针进行取值运算，即*（p2+i）可得 p2[i]，这是下标为 i 行的一维数组的数组名，即该一维数组第一个元素的元素地址，*（p2+i）+j，即 p2[i]+j，就是下标为 i 行 j 列元素的元素地址。再对该元素地址进行取值运算，即*（*（p2+i）+j），或*（p2[i]+j），可得 p2[i][j]，这是下标为 i 行 j 列的元素。

当行指针 p2 指向二维数组的第一行时，行地址、元素地址和元素之间的关系如表 4-1 所示。

表 4-1 行地址、元素地址和元素之间的关系

分　类	表 示 方 法	备　注
行指针	p2+i，&p2[i]	下标为 i 行的行地址
元素指针	*（p2+i）+j，p2[i]+j	下标为 i 行 j 列的元素地址
元素	*（*（p2+i）+j），*（p2[i]+j），p2[i][j]	下标为 i 行 j 列的元素

2. 元素指针使用二维数组

二维数组在计算机内存中是连续存放的，该连续内存空间是一个一维数组，用元素指针指向该区域的第一个元素时，元素指针名就是一维数组的数组名。用元素指针操作二维数组的方法，与用元素指针操作一维数组的方法类似，即定义一个元素指针指向二维数组的首元素（第一行第一列元素），数组的大小为二维数组的行数与列数的乘积，其他与用元素指针操作一维数组相同。

3. 行指针使用二维数组

通过行指针操作二维数组时，可定义一个指向一维数组的指针变量指向二维数组的首行。该指针变量是行指针，所指向的一维数组的大小是二维数组的列数。此时，该指针变量的值与二维数组名称相同，可以用指针变量名代替数组名称，实现二维数组的操作。

还可以先对行指针进行取值运算得到元素地址，然后再对元素地址进行取值运算得到二维数组的元素，从而完成对二维数组的操作。

用行指针操作二维数组时，应注意行指针所指位置的变化。首先，只有当行指针指向二维数组的首行时，才能用指针变量名代替数组名，操作过程中指针所指位置不能发生变化。其次，行指针的移动是以行为单元的，区别于元素指针的移动以元素为单元。设有行指针 p1 和元素指针

p2，p1++后 p1 指向下一行，而 p2++后 p2 指向下一个元素。

【例 4-6】 通过指针输出下列二维数组，并求各元素的和。

```
2  3  1  4  10
6  2  5  8  3
7  8  9  6  12
```

程序设计

（1）定义整型的二维数组 b，并用给出的数据初始化。定义初值为 0 的整型变量 sum 存储二维数组各元素的和。

（2）定义行指针 p1 指向二维数组的首行，并用指针变量名代替数组名输出数组。

（3）定义元素指针 p2 指向二维数组的第一个元素，通过 p2 用一维数组的方式遍历二维数组，遍历过程中求出 sum，然后输出各元素的和。

源程序代码

```
#include<iostream>
using namespace std;
int main(void) {
    int b[3][5]={{2,3,1,4,10},{6,2,5,8,3},{7,8,9,6,12}},sum=0;
    int (*p1)[5]=b,*p2=&b[0][0],i,j;
    cout<<"二维数组为：\n";
    for(i=0;i<3;i++){                                //输出二维数组
        for(j=0;j<5;j++)
            cout<<p1[i][j]<<'\t';
        cout<<endl;
    }
    for(i=0;i<3*5;i++)                               //求二维数组各元素的和
        sum+=p2[i];
    cout<<"各元素的和为："<<sum<<'\n';
    return 0;
}
```

程序运行结果

```
二维数组为：
2       3       1       4       10
6       2       5       8       3
7       8       9       6       12
各元素的和为：86
```

在例 4-6 中，p1 是行指针，p2 是元素指针，行指针不能指向元素，元素指针不能指向行，如下的语句是错误的。

```
p1=&b[0][0];          //错误
p2=b;                 //错误
```

在例 4-6 中，无论是行指针还是元素指针都没有移动，即指针 p1 始终指向二维数组的第一行，指针 p2 始终指向二维数组的第一个元素。在下列程序段中，行指针在行间移动，元素指针在元素间移动，同样可以实现题目要求的功能。

```
for(i=0;i<3;i++){                                //输出二维数组
    for(j=0;j<5;j++){
```

```
            cout<<*(*p1+j)<<'\t';                    //输出b[i][j]元素
        cout<<'\n';
        p1++;                                        //下移一行
    }
    for(i=0;i<3*5;i++){                              //求各元素的和
        sum+=*p2;
        p2++;                                        //后移一个元素
    }
```

4.3.4 字符数组与指针

字符数组作为特殊的一维数组，通过指针操作时，除了可以像普通的一维数组一样使用外，还有以下两种使用方法。

（1）字符型指针变量可以指向字符串，例如：

```
char *s1="C++ Program",*s2;                    //A
s2="This is a string.";                        //B
```

字符型指针变量指向字符串时，既可以如A行一样，在定义时用字符串对其初始化，又可以像B行用字符串对指针变量赋值。其实质是相同的，即指针指向字符串常量的第一个字符。如前所述，当指针的值是首地址时，可用指针代表数组。但应注意的是，字符数组中的元素是变量，可读可写；而字符串是常量，其内容只能读，不能写。因而下列语句虽然没有语法错误，但执行时都会引起内存引用错误。

```
strcpy(s2,s1);                                 //错误
s2[0]=s1[0];                                   //错误
```

（2）直接引用字符型指针变量所指的字符数组。例如：

```
char str[50],*s3=str;
cin.getline(s3,50);                  //从键盘输入一个字符串存入s3所指内存空间
cout<<s3;                            //输出s3所指内存空间的字符串
strcpy(s3,s1);                       //将s1指向的字符串复制到s3指向的数组str中
*s3=*s2;                             //将指针s2所指的字符T赋值给s3所指的元素str[0]
```

【例4-7】 设计一个程序，将字符串中的字符逆序。例如，将“I am a student.”逆序为“.tneduts a ma I”。

程序设计

（1）定义字符数组str存储要处理的字符串，指针s1指向数组str的首元素，指针s2指向数组str的尾元素。

（2）若s1<s2，将s1和s2所指的元素互换，s1后移一个元素，s2前移一个元素。

源程序代码

```
#include<iostream>
using namespace std;
int main(){
    char str[100],*s1=str,*s2=str,t;
    cout<<"请输入一个字符串：";
    cin.getline(s1,100);
    cout<<"输入的字符串是：";                    //此时s1和s2指向同一个位置，都代表数组str
```

```
    cout<<s2<<endl;
    while(*s2)                                        //A，使指针 s2 指向尾元素
        s2++;
    s2--;
    while(s1<s2) {                                    //B，交换 s1 和 s2 所指的元素
        t=*s1,*s1=*s2,*s2=t;
        s1++,s2--;
    }
    cout<<"逆序后的字符串是：";
    cout<<str<<endl;                                  //C
    return 0;
}
```

程序运行结果

请输入一个字符串：I am a student.
输入的字符串是： I am a student.
逆序后的字符串是：.tneduts a ma I

在例 4-7 中，A 行的循环条件*s2 等同于*s2！=0 或*s2！='\0'，循环结束后，s2 指向字符串结束标志，s2--使指针 s2 前移一位，指向尾元素‘.’。B 行的循环条件不能写成“*s1<*s2”，交换结束后，s1 和 s2 都不能再代表数组 str，故 C 行的 str 不能替换为 s1 或 s2。

通过指针操作数组时，特别应注意指针所指的位置，以及操作对象是指针还是指针所指的元素，另外还要注意指针表示的含义。例如，对于下列语句：

```
int a[5]={1,2,3,4,5},*p=a;
cout<<p;                          //A
cint>>p;                          //B 错误
```

A 行没有语法错误，但输出的是数组 a 的首地址，因为非字符数组是不能整体输出的。B 行是语法错误，因为非字符数组不允许整体输入。

4.3.5 指针数组

指针数组是指各元素为指针变量的数组。指针数组与普通数组的区别在于，指针数组中存储的是地址，而普通数组中存储的是普通数据，它们的数据类型不同。定义指针数组的一般格式如下。

存储类型　数据类型* 数组名[数组大小];

例如，“float *p1[5];”定义了一个具有 5 个元素的指针数组，可以保存 5 个实型地址。

【例 4-8】 写出下列程序的运行结果。

源程序代码

```
#include<iostream>
using namespace std;
int main(void) {
    double d[6]={1.0,1.1,1.2,1.3,1.4,1.5};
    double * p[6];
    for(int i=0;i<6;i++)                       //A
        p[i]=&d[i];
    for(i=0;i<6;i++)                           //B
```

```
        cout<<*p[i]<<',';
    return 0;
}
```

程序运行结果

```
1.0, 1.1, 1.2, 1.3, 1.4, 1.5
```

例 4-8 定义了两个大小为 6 的一维数组 d 和 p。数组 d 是普通数组，存储了 6 个双精度实数。数组 p 是指针数组，可以存储 6 个 double 型地址。A 行给数组 p 赋值，如图 4-7 所示。

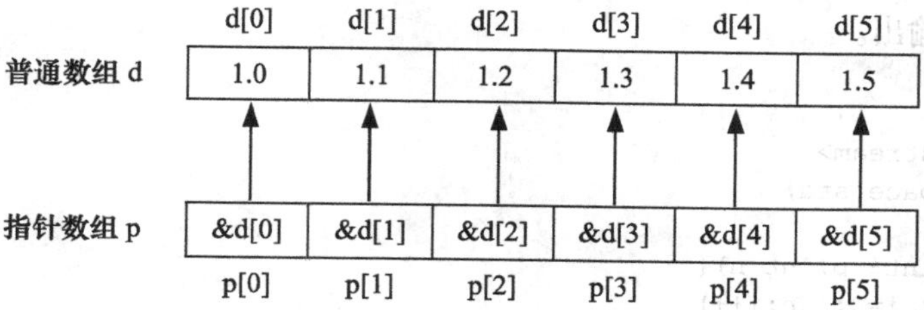

图 4-7　指针数组

B 行循环中的*p[i]等同于*（&d[i]），即 d[i]。程序输出指针数组 p 各元素 p[i]（指针）所指内存空间（*p[i]）的值，即数组 d 对应元素的值。若将*p[i]改为 p[i]，则输出数组 d 中各元素的地址。

4.4　数组与函数

一维数组、二维数组都可以作为函数的参数，此时函数参数传递方式属于地址传递。

4.4.1　一维数组与函数

1. 传递普通一维数组

传递普通一维数组时，函数原型的一般形式如下。

```
函数类型　函数名（数据类型* 指针名,int 变量名）;
```

或

```
函数类型　函数名（数据类型 指针名[],int 变量名）;
```

其中第一个参数的数据类型必须与要传递的数组的数据类型相同；第二个参数为整型变量，用来传递数组的元素个数。

调用上述函数的一般形式如下。

```
函数名(数组名, 数组大小);
```

或

```
函数名(指针名, 数组大小);
```

函数的第一个实参是数组首地址，可以是数组名，也可以是指向数组首元素的指针变量名。因为数组传递的本质是指针传递，所以该操作通常会改变实参的值，即通过函数调用带回操作结果。

【例 4-9】 设计一个程序，实现整型一维数组的输入/输出，要求数组的输入和输出分别通过两个函数实现。

程序设计

（1）程序由 3 个函数组成，除主函数外，其他两个函数的原型说明如下。

```
void input(int *,int);     //输入函数：将键盘输入的数据存入一维数组
void output(int [],int);   //输出函数：输出数组的各元素
```

（2）在主函数中定义具有 N 个元素的整型一维数组 a 保存要处理的数据，通过调用上述函数完成数组的输入/输出。

源程序代码

```
#include<iostream>
using namespace std;
#define N 8
void input(int* p,int n){
    for(int i=0;i<n;i++){
        cout<<"请输入第"<<i+1<<"个元素：";
        cin>>*p;                          //A
        p++;                              //B
    }
}
void output(int p[],int n)     {
    for(int i=0;i<n;i++){
        cout<<p[i]<<'\t';                 //C
        if((i+1)%5==0)cout<<"\n";
    }
}
int main(){
    int a[N];
    input(a,N);
    cout<<"输入的数组为：\n";
    output(a,N);
    cout<<endl;
    return 0;
}
```

程序运行结果

```
请输入第 1 个元素：1
请输入第 2 个元素：2
请输入第 3 个元素：3
请输入第 4 个元素：4
请输入第 5 个元素：5
请输入第 6 个元素：6
请输入第 7 个元素：7
请输入第 8 个元素：8
输入的数组为：
1       2       3       4       5
6       7       8
```

通过指针变量将数组传递到函数后，在函数中使用数组的方法类似于用指针操作数组的方法，

一种是以指针变量名代替数组名，如例 4-9 中 C 行所示；另一种是通过指针的取值运算得到数组元素，如 A 行所示。无论是哪种方法，函数中对数组元素的操作都将影响实参的值。例如，A 行就是输入实参，即将键盘输入的数据保存到主函数的数组 a 中。而对指针变量本身的操作不会影响实参，如 B 行指针 p 的后移不会改变实参的地址。

2. 传递字符数组

由于字符数组通常隐含了字符串结束标记，所以传递时只要通过字符型指针变量传递数组的首地址即可，而不必传递元素个数。传递字符数组的函数原型的一般形式如下。

```
函数类型  函数名(char* 指针名);
```

或

```
函数类型  函数名(char  数组名[]);
```

调用上述函数的一般形式为：

```
函数名(数组名);
```

或

```
函数名(指针名);
```

【例 4-10】 设计一个程序，通过函数拼接两个字符数组，如将“China”和“ People”拼接成“China People”。要求能够直接输出拼接的结果。

程序设计

（1）字符数组的拼接函数应该有两个字符型的指针变量作为参数。因为要求能够直接输出拼接的结果，设计拼接函数返回拼接后的数组首地址，所以函数类型应该为字符型指针。故拼接函数的原型说明如下。

```
char* Strcat(char*s1,char s2[]);
```

（2）拼接时，首先通过循环语句使 s1 指向第一个字符串的结束标记处，然后再通过循环语句将 s2 中的字符逐一复制到第一个字符串的后面。

源程序代码

```
#include<iostream>
using namespace std;
char* Strcat(char* s1,char s2[]);
int main(){
     char str1[40],str2[20];
     cout<<"请输入第一个字符串：";
     cin.getline(str1,40);
     cout<<"请输入第二个字符串：";
     cin.getline(str2,20);
     cout<<"拼接后的字符串是：";
     cout<<Strcat(str1,str2)<<endl;
     return 0;
}
char* Strcat(char* s1,char s2[]){                    //拼接函数定义
     char *s=s1;
     while(*s1)s1++;                                 //A
     while(*s2)*s1++=*s2++;                          //B
```

```
    *s1=0;                                    //C
    return s;                                 //D
}
```

程序运行结果

请输入第一个字符串：China
请输入第二个字符串： People　　　　　　//输入的第一个字符为空格
拼接后的字符串是：China People

在例 4-10 中调用函数 Strcat 时，指针 s1 指向数组 str1 的首元素，指针 s2 指向数组 str2 的首元素。A 行循环语句将指针 s1 移到数组 str1 的字符串结束标记处。B 行循环语句的功能是，当指针 s2 所指的字符不是字符串结束标记时，将指针 s2 所指的字符赋值给指针 s1 所指的字符，然后指针 s1 和 s2 分别后移一个字符。当指针 s2 指向数组 str2 的字符串结束标记时，循环终止。即字符串结束来标记没有被赋值，所以 C 行在数组 str1 的结尾处加上字符串结束标记，避免数组内存空间的引用混乱。如果将 D 行改为“return *s;”，则是有语法错误，此时函数返回值为字符，与函数类型不符。

4.4.2　二维数组与函数

1. 用行指针传递二维数组

函数间通常用行指针传递二维数组。与传递一维数组时需要给出元素个数相似，传递二维数组时一般要给出行数。传递二维数组时，函数原型说明的一般形式如下。

函数类型　函数名(数据类型　指针变量名(*)[N], int　变量名);

或

函数类型　函数名(数据类型　指针变量名[ ][N], int　变量名);

其中第一个参数中的 N 为常量，与二维数组的列数相同，数据类型必须与要传递的二维数组的数据类型相同。调用上述函数的一般形式如下。

函数名(二维数组名, 二维数组行数);

或

函数名(指针变量名, 二维数组行数);　　//指针变量为指向二维数组首行的行指针

2. 用元素指针传递二维数组

当将二维数组作为一维数组处理时，函数之间可用元素指针传递二维数组，其函数原型、调用形式与元素指针传递普通一维数组相同。此时，表示数组的实参必须是二维数组第一行第一列元素的地址，而数组的大小为二维数组行数和列数之积。

【例 4-11】 设计一个程序，求二维数组各元素的和以及外围元素的和，要求定义两个 sum 函数，分别用行指针和元素指针传递二维数组。

程序设计

（1）求各元素之和的 sum 函数，以元素指针传递二维数组；求外围元素之和的 sum 函数，以行指针传递二维数组；这两个 sum 函数是重载关系，其原型说明如下。

```
int sum(int *,int);              //求各元素的和，元素指针传递二维数组
int sum(int [][5],int);          //求外围元素的和，行指针传递二维数组
```

以元素指针传递二维数组时，第二个参数为数组大小；以行指针传递二维数组时，第二个参数为二维数组的行数。

（2）外围元素是指行下标为 0 或行数减 1、列下标为 0 或者列数减 1 的所有元素。

源程序代码

```
#include<iostream>
using namespace std;
int sum(int *,int);
int sum(int [][5],int);
void show(int (*)[5],int);                                    //输出二维数组
int main(){
    int b[3][5]={{2,5,8,6,1},{4,12,9,5,9},{7,3,11,9,10}};
    cout<<"二维数组为：\n";
    show(b,3);
    cout<<"各元素的和为："<<sum(&b[0][0],3*5)<<"\n";    //A
    cout<<"外围元素的和为："<<sum(b,3)<<"\n";            //B
    return 0;
}
int sum(int *p,int n) {                                       //C，求各元素的和
    int s=0,i;
    for(i=0;i<n;i++)
        s+=p[i];
    return s;
}
int sum(int p[][5],int n) {                                   //求外围元素的和
    int s=0,i,j;
    for(i=0;i<n;i++)
        for(j=0;j<5;j++)
            if(i==0||i==n-1||j==0||j==5-1)
                s+=*(*(p+i)+j);
    return s;
}
void show(int (*p)[5],int n) {                                //输出二维数组
    for(int i=0;i<n;i++) {
        for(int j=0;j<5;j++)
            cout<<p[i][j]<<'\t';
        cout<<'\n';
    }
}
```

程序运行结果

```
二维数组为：
2       5       8       6       1
4       12      9       5       9
7       3       11      9       10
各元素的和为：101
外围元素的和为：75
```

在例 4-11 中，A 行调用 C 行的 sum 函数，此时实参还可以写成 b[0]、*b 等形式。B 行调用 D 行的 sum 函数，此时传递的是二维数组首行的地址，实参还可以写成&b[0]等形式。

4.5 程序举例

【例 4-12】 设计一个程序，将一维数组中的元素从小到大排序，即升序排列。

程序设计

（1）排序的方法有多种，本程序采用选择排序法。对于含 n 个元素的一维数组 a，第一趟排序时，将最小的元素放到第一个位置，即 a[0]位置；第二趟排序时，将次小元素，即剩余元素中的最小元素放到 a[1]位置；以此类推，共进行 n-1 趟排序，最后一趟排序时，将次大元素放到 a[n-2]位置；最后剩下的元素，即最大元素，自动进入 a[n-1]位置。通过循环语句实现，i 从 0 开始，到 n-2 为止，每次循环，都找出当前的最小元素，放入当前位置，即 a[i]位置。找当前最小元素通过第（2）步实现。

（2）每趟排序，将当前元素 a[i]与其后的所有元素进行比较。通过循环语句完成比较，a[i]后面的元素用 a[j]表示，则 j 从 i+1 开始，到 n-1 为止。在比较的过程中，若 a[i]>a[j]，则交换 a[i]与 a[j]。

源程序代码

```
#include<iostream>
using namespace std;
int main(){
      int a[10]={5,9,2,6,10,8,1,7,4,3};
      for(int i=0;i<9;i++)
            for(int j=i+1;j<10;j++)
                  if(a[i]>a[j]){                    //A
                        int t=a[i];
                        a[i]=a[j];
                        a[j]=t;
                  }
      for(i=0;i<10;){
            cout<<a[i]<<'\t';
            i++;
            if(i%5==0)cout<<'\n';
      }
      cout<<'\n';
      return 0;
}
```

程序运行结果

```
1       2       3       4       5
6       7       8       9       10
```

在例 4-12 中，因为数组 a 共有 10 个元素，所以共进行 9 趟排序，通过外循环实现。每趟排序，将当前元素与其后的所有元素进行比较，通过内循环实现。如果要实现从大到小的排序（降序排列），只需将 A 行的条件改为 a[i]<a[j]。

若数组共有 n 个元素，采用以上的直接选择排序法，交换元素的次数最多可能达到（n-1）+（n-2）+…+2+1，即 n×（n-1）/2。为提高程序的运行效率，可采用改进的选择排序法。即在每趟排序比较的过程中，只记录当前最小（升序排序时）或最大（降序排序时）元素的位置，该趟排序结束后，若最小或最大元素不在当前位置，则交换，即每趟排序最多交换一个元素。改进的选择排序的程序段如下。

```
for(int i=0;i<9;i++)  {
      int k=i;                          //设当前元素为最小元素，即最小元素位置k为i
      for(int j=i+1;j<10;j++)           //查找最小元素所在的位置
            if(a[k]>a[j])k=j;
      if(k!=i) {                        //最小元素不在当前位置时交换元素
            int t=a[i];
            a[i]=a[k];
            a[k]=t;
      }
}
```

【例 4-13】 设计一个程序，采用折半法在有序序列中查找指定值的元素。

程序设计

（1）有序序列是指元素值按照升序或降序排列的序列，一般采用数组存储。若数组是降序序列，则折半查找的方法是：将数组中间位置的元素和指定值 k 比较，若中间元素的值与 k 相等，则该元素就是要查找的元素；若中间元素的值大于 k，则在后半部分查找；若中间元素的值小于 k，则在前半部分查找。无论是在后半部分查找，还是在前半部分查找，都仍然采用折半查找法，直到找到或者找不到元素为止。

（2）查找函数的原型说明如下。

```
int search (int *p, int low, int hig, int k);
```

如果找到值为 k 的元素，则返回该元素的位置，故函数类型为 int。如果找不到值为 k 的元素，则返回-1。参数 p 传递要查找的一维数组，low 表示查找的起始位置，hig 表示查找的终止位置。

源程序代码

```
#include<iostream>
using namespace std;
int search(int *p,int low,int hig,int k);
void print(int p[],int n){
      for(int i=0;i<n;i++)
            cout<<p[i]<<'\t';
      cout<<endl;
}
int main(){
      int num[10]={10,5,3,0,-3,-5,-9,-12},k,pos;
      cout<<"序列为：";
      print(num,8);
      cout<<"请输入要查找的值：";
      cin>>k;
      pos=search(num,0,7,k);
      if(pos==-1)cout<<"序列中没有值为 "<<k<<" 的元素\n";
      else cout<<k<<" 是序列中下标为 "<<pos<<" 的元素\n";
      return 0;
}
int search(int *p,int low,int hig,int k){
      if(low>hig)return -1;                         //A，查找失败
      int mid=(low+hig)/2;
      if(p[mid]==k)return mid;                      //B，查找成功
      else if(p[mid]>k)return search(p,mid+1,hig,k);  //C，在后半部分查找
```

```
        else return search(p,low,mid-1,k);                          //D在前半部分查找
    }
```

程序运行结果

```
序列为：10    5    3    0    -3    -5    -9    -12
请输入要查找的值：3
3 是序列中下标为 2 的元素
```

设数组的元素个数为 n，在折半查找的过程中，若数组中没有值为 k 的元素，经过 $\log_2 n$ 次查找，low 将大于 hig。这种情况称为查找失败，返回-1，如 A 行所示。

每次查找，先确定中间位置 mid，然后将元素 p[mid]与 k 比较。若相等，则查找成功，返回 mid，如 B 行所示。若 p[mid]>k，则采用同样的方法在后半部分查找，此时，查找的起始位置是中间位置的下一个，即 mid+1，终止位置 hig 不变，如 C 行所示。其他情况，即 p[mid]<k 时，在前半部分查找；此时，查找的起始位置 low 不变，终止位置是中间位置的前一个，即 mid-1，如 D 行所示。查找的过程，实际上是一个递归调用。

【例 4-14】 设计一个程序，建立一个随机的二维数组并输出。要求二维数组的建立和输出各用一个函数实现，并通过行指针传递数组。

程序设计

（1）随机的二维数组是指各元素值为随机数的数组。每调用一次库函数 rand ( ) 可产生一个随机整数。

（2）通过行指针传递二维数组时，函数参数为行指针和数组行数。函数中以行指针引用二维数组元素的方法有多种形式，如 p[i][j]、*（*（p+i）+j）、*（p[i]+j）等。

源程序代码

```
#include<iostream>
using namespace std;
void create(int p[][5],int n) {                         //A
    for(int i=0;i<n;i++)
        for(int j=0;j<5;j++)
            *(*(p+i)+j)=rand()%100;                     //B
}
void print(int(*p)[5],int n) {                          //C
    for(int i=0;i<n;i++){
        for(int j=0;j<5;j++)
            cout<<p[i][j]<<'\t';
        cout<<endl;
    }
}
int main(){
    int b[4][5];
    create(b,4);                                        //D
    print(b,4);                                         //E
    return 0;
}
```

程序运行结果

```
41    67    34    0     69
24    78    58    62    64
5     45    81    27    61
91    95    42    27    36
```

在例 4-14 中，A 行和 C 行的第一个参数对应的实参为二维数组的数组名，如 D 行和 E 行所示。B 行中 rand()%100 的含义是取随机整数的后两位。

【例 4-15】 编程实现二维数组的转置。所谓转置，即二维数组的行列互换。例如：

原数组 b1：

```
1    2    3
4    5    6
7    8    9
10   11   12
```

转置后的数组 b2：

```
1    4    7    10
2    5    8    11
3    6    9    12
```

程序设计

（1）将 4 行 3 列的二维数组 b1 转置后为 3 行 4 列的二维数组 b2，转置的方法是将 b1 的第 i 行第 j 列的元素赋值给 b2 的第 j 行第 i 列元素，即 b2[j][i] =b1 [i][j]。

（2）因为转置函数需要传递两个二维数组，所以应该有两个行指针。二维数组的列数是确定值，分别为 3 和 4，只要传递行数即可。

源程序代码

```
#include<iostream>
using namespace std;
void f1(int p1[][3],int n,int(*p2)[4]) {      //转置函数，n 为 p1 的行数
    for(int i=0;i<n;i++)
        for(int j=0;j<3;j++)
            p2[j][i]=p1[i][j];
}
void f2(int(*p)[3],int n) {                    //输出 3 列的二维数组
    for(int i=0;i<n;i++){
        for(int j=0;j<3;j++)
            cout<<p[i][j]<<'\t';
        cout<<endl;
    }
}
void f3(int(*p)[4],int n) {                    //输出 4 列的二维数组
    for(int i=0;i<n;i++){
        for(int j=0;j<4;j++)
            cout<<p[i][j]<<'\t';
        cout<<endl;
    }
}
int main(){
    int b1[4][3]={1,2,3,4,5,6,7,8,9,10,11,12},b2[3][4];
    cout<<"原数组为：\n";
    f2(b1,4);
    f1(b1,4,b2);                               //A
    cout<<"转置后的数组为：\n";
    f3(b2,3);
    return 0;
}
```

程序运行结果

```
原数组为：
1       2       3
```

```
4       5       6
7       8       9
10      11      12
转置后的数组为：
1       4       7       10
2       5       8       11
3       6       9       12
```

由于要输出的两个二维数组的列数不一样，故要设计两个输出函数。本题转置函数是对数组 b1 遍历，也可以对数组 b2 遍历，此时转置函数的函数体应修改为：

```
for(int i=0;i<n;i++)
    for(int j=0;j<4;j++)
        p2[i][j]=p1[j][i];
```

A 行调用相应改成“f1（b1，3，b2）;”。

【例 4-16】 从键盘输入一个带空格的字符串，并将空格后的第一个小写英文字母改为大写英文字母。例如，从键盘输入“ I am forever 25 years old.”时，输出“ I Am Forever 25 Years Old.”。

程序设计

（1）定义函数 f 实现字符的转换，函数通过字符型指针传递字符串。

（2）通过循环语句遍历字符数组，将遍历过程中遇到符合题目要求的小写字母转换成大写字母。将小写字母 c 转换成大写字母的方法是 c-=32，将大写字母 c 转换成小写字母的方法是 c+=32。

源程序代码

```
#include<iostream>
using namespace std;
void f(char *s){
    for(int i=0;s[i];i++)                    //遍历字符串，s[i]等同于 s[i]!='\0'
        if(s[i]==' ')                        //A，当前字符 s[i]是空格
            if(s[i+1]>='a'&&s[i+1]<='z')     //B，下一个字符是小写字母
                s[i+1]-=32;                  //C，小写字母转换为大写字母
}
int main(){
    char str[100];
    cout<<"请输入一个带空格的字符串：";
    cin.getline(str,100);
    f(str);
    cout<<"修改后的字符串为：";
    cout<<str<<endl;
    return 0;
}
```

程序运行结果

```
请输入一个带空格的字符串：  I am forever 25 years old.      //前两个字符为空格
修改后的字符串为：  I Am Forever 25 Years Old.
```

A 行和 B 行可合并成条件“if（str[i]==' '&&（str[i+1]>='a'&&str[i+1]<='z'））”，C 行将小写字母转换成大写字母。还可以用“str[i+1]+= ‘A’-‘a’;”等多种方法。

【例 4-17】 设计程序，删除字符串中的空格字符。

程序设计

通过循环语句，用指针遍历字符串。在遍历过程中，若遇到空格字符，则用循环语句将其后

的所有字符依次向前移一位。

源程序代码

```
#include<iostream>
using namespace std;
char* fun(char*);
int main(){
    char str[ ]=" I am  a   student.";
    cout<<"删除空格后的字符串为："<<fun(str)<<endl;        //A
    return 0;
}
char* fun(char* s) {
    char *s1=s,*s2;
    while(*s1) {                        //通过指针 s1 遍历字符串
        if(*s1==' '){                   //若当前字符是空格字符
            s2=s1;                      //指针 s2 指向当前字符
            while(*s2){                 //通过指针 s2 遍历其后的字符串，各字符前移一位
                *s2=*(s2+1);            //将 s2 所指的下一个字符移到 s2 所指位置
                s2++;
            }
        }
        else s1++;                      //B 若当前字符不是空格字符，则处理下一个字符
    }
    return s;                           //返回处理后的字符串的首地址
}
```

程序运行结果

```
删除空格后的字符串为：Iamastudent.
```

在例 4-17 中，B 行的 else 不能省略。因为若不加 else，则当出现连续的空格字符时，即从后面移过来的字符仍是空格字符时，该空格字符将被跳过，出现不能删除所有空格字符的情况。向前移动字符时，必须将最后的字符串结束标记也向前移动一位。当指针 s2 指向字符串结束标记时，循环终止。若字符串结束标记没有向前移动，则每趟移动后都要添加字符串结束标记。例如，用下列方法移动字符。

```
if(*s1==' '){              //若当前字符是空格字符
    s2=s1+1;               //指针 s2 指向当前字符的下一个字符
    while(*s2){            //通过指针 s2 遍历其后的字符串，各字符前移一位
        *(s2-1)=*s2;       //将 s2 所指的字符移到前一位
        s2++;
    }
    *(s2-1)='\0';          //添加字符串结束标记
}
```

例 4-17 也可用一层循环完成，代码如下。

```
char* fun(char* s){
    char *s1=s,*s2=s;              //指针 s1 表示原字符串，指针 s2 表示删除空格字符后的字符串
    while(*s1){
        if(*s1!=' ')*s2++=*s1;     //将非空格字符赋值给指针 s2 所指的字符
        s1++;
    }
```

```
    *s2='\0';                              //添加字符串结束标记
    return s;
}
```

【例 4-18】 写出下列程序的运行结果。

源程序代码

```
#include<iostream>
using namespace std;
int main(){
    char season[4][10]={"Spring","Summer","Autumn","Winter"};    //A
    for(int i=0;i<4;i++)                                          //B
        cout<<season[i]<<endl;
    for(i=0;i<4;i++)                                              //C
        cout<<*season[i]<<'\t';
    cout<<endl;
    return 0;
}
```

程序运行结果

```
Spring
Summer
Autumn
Winter
S       S       A       W
```

例 4-18 定义了一个 4 行 10 列的二维字符数组，每行都是一个字符串。season[0]是第一个字符串名，season[1]是第二个字符串名，以此类推。因为字符串等同于一维的字符数组，可直接输出，所以 B 行的循环语句输出 4 个字符串，即程序运行结果的前 4 行。

因为 season[0]作为第一个字符数组的数组名，是指向第一个字符数组中第一个元素的指针，即&season[0][0]，所以*season[0]就是第一个字符数组中的第一个元素，即 season[0][0]。以此类推，*season[1]是 season[1][0]，*season[2]是 season[2][0]，*season[3]是 season[3][0]。所以 C 行的循环语句输出每个字符串的第一个字符，即程序运行结果的最后一行。

二维字符数组也可以用字符型的指针数组表示，即 A 行替换为如下语句，程序的含义和运行结果相同。

```
char* season[4]={"Spring","Summer","Autumn","Winter"};
```

4.6 习 题

1. 找出一维数组中值最大的元素及其下标，最大元素可能不止一个。例如，{3，5，2，7，6，1，7，4，7，5}中的最大元素为 7，其下标分别为 3、6、8。具体要求如下。

（1）定义函数 int max（int *，int），返回数组元素的最大值。

（2）在主函数中，用测试数据初始化数组，并调用 max 函数完成测试。

2. 求键盘输入的 N 个实数的方差。求方差的公式如下。

$$D=\sum_{i=1}^{n}(x_i-\bar{x})^2，其中\bar{x}=\left(\sum_{i=1}^{n}x_i\right)/n$$

程序设计的要求如下。

（1）定义函数 void f（double p[]，int n，double &ave），求出数组 p 中 n 个元素的平均值，并通过参数 ave 带回主函数。

（2）在主函数中输入数据，并调用 f 函数求得平均值，然后根据公式求出方差。

3. 求下列二维数组各元素的和。

2.6	5	8	6.3	1
4	12	9	4.5	9.6
7.2	3.8	11	7.9	10

程序设计的要求如下。

（1）定义函数 void print（float p[][5]，int n）；输出二维数组。

（2）定义函数 void fun（float（*p）[5]，int n，float *s）；求二维数组各元素的和，并通过参数 s 带回到主函数。

（3）在主函数中，用测试数据初始化二维数组，并调用 print 函数将其输出，调用 fun 函数得到各元素的和并输出。

4. 杨辉三角形是由正整数构成的一个矩阵，每行除最左侧与最右侧的元素为 1 外，其他元素等于其左上方与正上方两个数之和，如下所示。

```
1
1   1
1   2   1
1   3   3   1
1   4   6   4   1
……
```

（1）定义函数 void create（int p[][N]，int n），将杨辉三角的前 n 行保存到二维数组下三角中。

（2）定义函数 void print（int（*p）[N]，int n），输出杨辉三角形。

（3）在主函数中调用上述函数，得到一个 N 阶的杨辉三角形。

5. 设计一个程序实现字符串的复制。具体要求如下。

（1）定义函数 char* copy（char*s1，char*s2），将 s2 赋值给 s1，并返回 s1。

（2）在主函数中输入两个字符串，测试 copy 函数。

6. 设计一个程序，求键盘输入的一串字符中单词的个数。例如，“I am a boy.”中有 4 个单词。具体要求如下。

（1）定义函数 int count（char*s），返回字符串 s 的单词个数。

（2）在主函数中输入一个字符串，测试 count 函数。

第 5 章 结构体与简单链表

在前面的章节中已经介绍了基本数据类型（如整型、实型、字符型等），也介绍了部分构造数据类型（如数组、指针等）。在用 C++语言进行程序设计时，只有这些数据类型是不够的，有时还需要将不同类型的数据组合成一个整体，成为新的构造数据类型，以便于使用。例如，在学生基本信息表中，可以包含整型数据学号和年龄、字符型数组姓名、实型数据 C++成绩等，这些信息显然不能用一个数组来存储，因为数组中各元素的类型都必须相同。为了解决这个问题，C++引入了结构体。

5.1 结 构 体

结构体是一种构造数据类型，它由若干数据项组成，每个数据项可以是基本数据类型，也可以是构造数据类型。图 5-1 列出了学生的基本信息：学号（num）、姓名（name）、性别（sex）、年龄（age）、C++成绩（cppscore），这些信息都是属于 SunYun 学生的。为了能反映出它们之间的内在联系，将它们组合起来，定义成一种新的类型，该类型称为结构体类型，该结构体类型数据由整型、字符数组、字符型、实型数据项组成。

num	name	sex	age	cppscore
17401	SunYun	F	19	89.5

图 5-1 学生 SunYun 基本信息

5.1.1 结构体类型

定义一个结构体类型的一般格式如下。

```
struct 结构体类型名{
    成员列表
};
```

其中，struct 是声明定义的关键字。结构体类型名为自定义标识符，是该类型的名称。成员列表是结构体中的全部成员，通常为一组不同类型的数据项，每个数据项都包括数据类型和名称，数据项又称为数据成员或域。定义结构体类型时，后面的分号不可省略。

图 5-1 所示的学生基本信息可以定义成如下结构体类型。

```
struct  Student {
    int  num;             //存放学号
    char  name[20];       //存放姓名
    char  sex;            //存放性别
    int  age;             //存放年龄
    float  cppscore;      //存放 C++成绩
};
```

Student 是结构体类型名，该类型包含 5 个成员数据，每个成员数据用一个说明语句来表示，如成员数据 num 是整型变量。

在定义结构体类型时，成员不能初始化，也不能指定除 static 以外的存储类型。因为结构体是一种类型，是抽象的，不能用来存储数据，具体的数据必须存储在结构体类型的变量中。

5.1.2 结构体类型的变量

定义一个结构体类型，系统并不为它分配内存单元。只有定义结构体类型的变量，才为变量分配存储空间。

1. 结构体类型变量的定义

结构体类型的变量简称为结构体变量。定义结构体类型变量的方法有 3 种。

（1）先定义结构体类型，再用该类型名定义结构体变量。例如：

```
Student a1,a2;            //定义 Student 类型的变量 a1 和 a2
```

（2）在定义结构体类型的同时定义结构体变量。例如：

```
struct  Birthday{         //定义结构体类型 Birthday
    int  month, day, year;
}b1,b2;                   //定义两个 Birthday 类型的变量 b1 和 b2
```

（3）直接定义结构体变量。例如：

```
struct{
    int  second;
    char  sex;
}s1,s2;
```

第 3 种方法定义的结构体没有定义类型名，直接定义了两个结构体变量 s1 和 s2。用这种方法不可以继续定义该类型的结构体变量，因而定义结构体变量时最好使用前两种。

结构体变量所占存储空间的大小是各个成员所占内存单元之和。例如，b1 是 Birthday 结构体类型的变量，它的成员数据为 month、day 和 year，因为它们在内存中分别占 4 字节，所以系统为 b1 分配 12 字节的内存空间。

一个结构体类型的成员还可以是另一个结构体类型的变量。例如：

```
struct S{
    int  num;
    Birthday  date;  //date 是已经定义的结构体类型 Birthday 的变量
};
```

结构体类型的成员也可以是自身类型的指针变量，但不能是自身类型的普通变量。例如：

```
struct Node{
    long int num;
    float score;
```

```
    Node *next;         //next 是 Node 类型的指针
    Node m;             //错误
};
```

可以定义结构体类型的数组。例如：

```
Student s[10];    //数组 s 的 10 个元素都为结构体 Student 类型的变量
```

2. 结构体类型变量的初始化

结构体类型变量同其他类型的变量一样，通常应先定义，后使用。除赋值外，首次使用变量时，变量必须有一个确定的值。

在 C++语言中，可用以下两种方法对结构体类型变量进行初始化。

（1）在定义变量的同时，用数据列表初始化。例如：

```
struct STU{
    char sex;
    char name[8];
    float score;
}st1={'F',"LiNin",80.5};
```

其中，变量 st1 的数据成员 sex 的值为字符‘F’，name 数组的值为字符串“LiNin”，score 的值为 80.5，即将初始化列表中的数据依次对应赋值给相应的成员数据。

（2）在定义结构体变量时，用同类型变量初始化。例如：

```
STU st2=st1;
```

st1 是具有初始值的结构体变量，用相同类型的变量对 st2 进行初始化后，结构体变量 st2 各个数据成员的值与 st1 各个数据成员的值对应相同。

3. 结构体类型变量的引用

结构体类型的变量作为一个整体，通常只能分别访问其成员。引用结构体变量成员数据的一般格式如下。

结构体变量名．成员名

其中，“.”为成员运算符，指定该成员属于哪个结构体变量。例如，已经定义了结构体变量 st1，则 st1.score 表示 st1 变量的 score 成员，st1.name 表示 st1 变量的 name 成员。可以对变量 st1 的各个成员数据赋值。例如：

```
st1.sex='F';
strcpy(st1.name," LiNin");         //使用字符串处理函数对字符数组赋值
st1.score=80.5;
```

也可以用 cin 给 st1 的各个数据成员赋值。例如：

```
cin>>st1.sex>>st1.name>>st1.score;
```

引用结构体变量时，应遵守以下规则。

（1）允许将一个结构体变量直接赋值给另一个相同类型的结构体变量。

（2）除整体赋值外，不能将一个结构体变量作为一个整体引用。例如，下列输入/输出是错误的。

```
cin>>st1;              //错误
cout<<st1;             //错误
```

（3）结构体变量的成员数据可以按照其类型参与运算。例如：

```
char a[20];
strcpy(a, st1.name);
st1.score++;
```

4. 指向结构体类型变量的指针变量

对于一个已经定义的结构体变量，编译程序会为它分配若干字节的存储空间，因此可以定义一个指针变量来存放该存储空间的首地址，即定义一个指针变量，用来指向这个结构体变量。例如：

```
STU st3={'M',"LiLan",85};        //用列表分别给 st3 的 3 个成员赋初始值
STU *p;
p=&st3;                          //将 st3 的地址赋给 p
```

通过指针变量间接地引用结构体变量数据成员的格式如下。

```
(*指针变量).成员名
```

或

```
指针变量->成员名
```

例如，(*p).score=95 和 p->score=95 都等同于 st3.score=95，都是对结构体类型变量 st3 的成员 score 进行赋值操作。

【例 5-1】用指针变量引用结构体变量的数据成员示例。

源程序代码

```
#include<iostream>
#include <cstring>
using namespace std;
struct Stu{              //声明结构体类型 Stu
    int num;
    char name[8];
    float score;
};
int main( ){
    Stu stu_1;           //定义 Stu 类型的变量 stu_1
    Stu *p;              //p 是结构体 Stu 类型的指针变量
    p=&stu_1;            //将 stu_1 的首地址赋给 p，即 p 指向 stu_1
    stu_1.num=17401;
    strcpy(stu_1.name,"LiNing");
    stu_1.score=79.5;
    cout<<"NO:"<<stu_1.num<<'\t'<<"name:"<<stu_1.name
        <<'\t'<<"Score:"<< stu_1.score<<endl;
    cout<<"NO"<<(*p).num<<'\t'<<"name:"<<(*p).name
        <<'\t'<<"Score:"<< (*p).score<<endl ;
    cout<<"NO:"<<p->num<<'\t'<<"name:"<<p->name
        <<'\t'<<"Score:"<< p->score<<endl ;
    return 0;
}
```

程序运行结果

```
NO:17401   name: LiNing     Score:79.5
NO:17401   name: LiNing     Score:79.5
NO:17401   name: LiNing     Score:79.5
```

5.2 动 态 空 间

通常情况下，给变量分配内存空间都是编译系统根据变量的类型预先分配的，这种内存分配的方式称为静态存储分配。但有时不预先分配存储空间，而是由系统根据程序的需要，在程序运行时，分配内存，这种内存分配称为动态存储分配。在 C++语言中，通过 new 运算符可以动态申请内存空间。

5.2.1 new 运算符

new 运算符用来开辟动态内存空间，其运算结果是动态申请空间的首地址。动态创建的内存空间本身没有名称，但可通过指向该内存空间的指针来操作。

用 new 运算符动态申请空间的格式有 3 种。

（1）动态申请一个变量空间。一般格式如下。

```
指针变量=new 数据类型;
```

动态空间分配不成功时，指针变量的值为 0；若空间申请成功，指针变量保存该空间的首地址。数据类型可以是整型、实型、字符型和结构体类型等，指针变量的类型必须与所分配动态内存的类型一致。例如：

```
int *pointer1;
pointer1=new int;
```

（2）动态申请一个变量空间，并赋初始值。一般格式如下。

```
指针变量=new 数据类型(数值);
```

其中，数据类型只能是基本数据类型，括号内的数值为所分配内存空间的初始值。例如：

```
float * pointer2;
pointer2=new float(3.3); //动态申请一个实型空间，并赋初始值 3.3，首地址赋给 pointer2
```

（3）动态申请一维数组空间。一般格式如下。

```
指针变量=new 数据类型[数组大小];
```

动态申请数组空间时，数组大小一般为整型，可以是具有确定值的整型变量或字符型变量，用来表示数组元素的个数，指针变量保存该空间的首地址。例如：

```
char *pointer3;
pointer3=new char[10];  //动态申请一个 10 个元素的字符数组空间，首地址赋给 pointer3
```

应该注意的是，为数组或结构体分配动态内存时，不能对其赋初值。

5.2.2 delete 运算符

编程时对于不再使用的动态内存，需要及时释放，以便系统再次分配该空间，从而合理使用内存资源。在 C++语言中用 new 分配的动态内存不会自动释放，必须用 delete 运算符释放。

delete 运算符释放动态内存的一般格式如下。

```
delete 指针变量;          //释放单个变量空间
```

```
delete [ ]指针变量;          //释放整个数组空间
delete [数组大小]指针变量;    //释放确定大小的数组空间
```

例如，对前面中用 new 分配的动态内存，可以使用如下语句释放。

```
delete pointer1;
delete pointer2;
delete [ ]pointer3;         //或 delete[10]pointer3
```

由于动态分配的内存只能通过指针变量来访问，因此保存动态内存首地址的指针变量只有内存释放后，才可以再作他用。如果要改变程序中指向动态内存的指针变量的值，必须先将动态内存的首地址保存起来，以便以后释放该动态内存。

5.3 简单链表

与数组连续分配内存空间不同，链表使用的内存是动态分配的。当用数组存放数据时，必须事先确定数组的大小。例如，如果用数组来处理不同班级的学生数据，要定义足够大的连续空间，以确保能存放学生数最多的班级信息，这显然会造成不必要的空间资源浪费，而链表可以很好地解决内存浪费问题。

5.3.1 链表的概念

链表是指将若干相同类型的节点（每一个节点是一个结构类型的变量），按一定的原则（前一个节点指向后一个节点）连接起来的有序序列。链表分为单向链表、双向链表和循环链表等。这里只介绍单向链表。

由于链表是通过前一个节点来找到后一个节点，因此前一个节点中应保存后一个节点的地址信息，除了地址信息外，节点中还要保存要处理的数据信息，如学生的学号、姓名、C++成绩等。

如果学生数据信息包含学号、成绩，要使用链表来处理学生数据，可以设计如下类型的节点结构。

```
struct Node{
    int num;
    float score;
    Node *next;
};
```

其中，成员 num 保存学生学号，score 保存学生绩，next 成员存放下一个节点的内存地址。

由于链表的操作总是从第一个节点（称为首节点）逐个往后进行的，所以可以定义一个指向结构体类型的指针变量来存放第一个节点的地址，该指针称为头指针。链表最后一个节点（称为尾节点）的指针成员 next 的值为空（NULL 或 0），代表它不指向任何空间，即链表到此结束。

图 5-2 中用一个矩形框表示链表的节点，每个节点均为 Node 类型。Node 类型有 3 个成员，用小矩形表示。例如，第一个节点学生的学号 num 的值为 18401，成绩 score 的值为 85.5 分，next 的值为第二个节点的地址。箭头表示指针变量指向哪个节点，如指针变量 head 是头指针，指向首节点。

在链表中，如果当前处理的节点是学号为 18403 的节点，则学号为 18402 的节点称为它的前驱节点，学号为 18404 的节点称为它的后继节点。

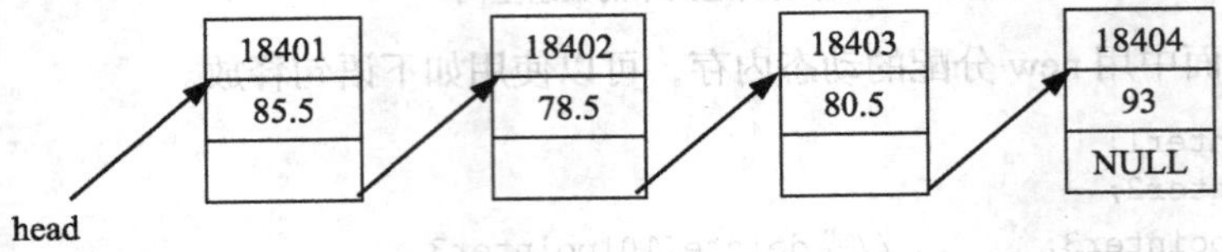

图 5-2 学生信息链表

5.3.2 链表的基本操作

链表的基本操作包括：遍历链表、删除链表中的某个节点、将一个新节点插入链表中等。

1. 遍历链表

遍历链表是指逐个访问链表中的节点。首先使指针变量 p 指向首节点，然后 p 后移，一直移动到链表的尾节点。遍历链表的语句如下。

```
Node *p;
p=head;                          //p 指向首节点
while(p->next!=NULL)             //循环条件为 p 不是尾节点
    p=p->next;                   //p 指针指向下一个节点
```

上述循环结束后，p 指向尾节点。

遍历时还可以设定指针变量 p1，使其保持指向 p 的前驱节点，以便进行其他操作，此时遍历链表的循环语句如下。

```
Node *p,*p1;
p=head;
while(p->next){                  //循环条件同 p->next!=NULL
        p1=p;
        p=p->next;
}
```

2. 删除一个节点

若要删除指针变量 p 指向的学号为 18403 的节点，则应该将学号为 18402 的节点的 next 指针指向学号为 18404 的节点，即改变链表原来的链接关系。如图 5-3 所示，可使用如下语句。

```
p1->next=p->next;
delete p;                        //释放节点空间
```

或

```
p1->next=p1->next->next;
delete p;
```

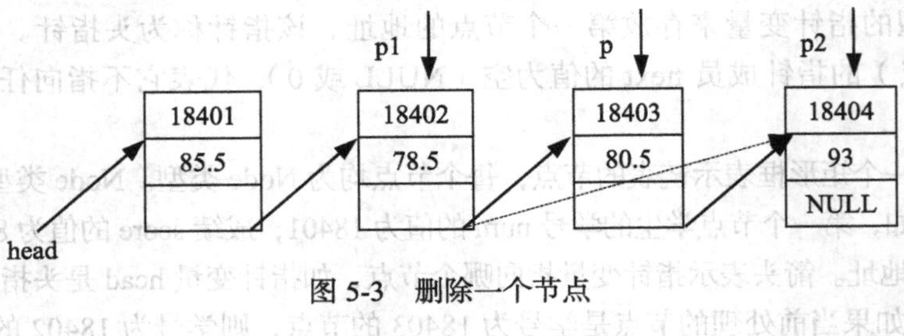

图 5-3 删除一个节点

3. 插入一个节点

若已经建立了一条链表，要将一个节点插入该链表的两个节点之间。首先应定义一个指针变量指向要插入的节点，然后将该节点插入。如图 5-4 所示，具体实现的语句如下。

```
Node *p=new Node;
p->num=18403;
p->score=95;
p1->next=p;             //A
p->next=p2;             //B
```

A 行和 B 行两条语句的作用与下列两条语句作用相同。

```
p->next=p1->next;
p1->next=p;
```

学号为 18403 的节点插入后，p1 指向的节点与 p2 指向的节点不再保持链接关系。

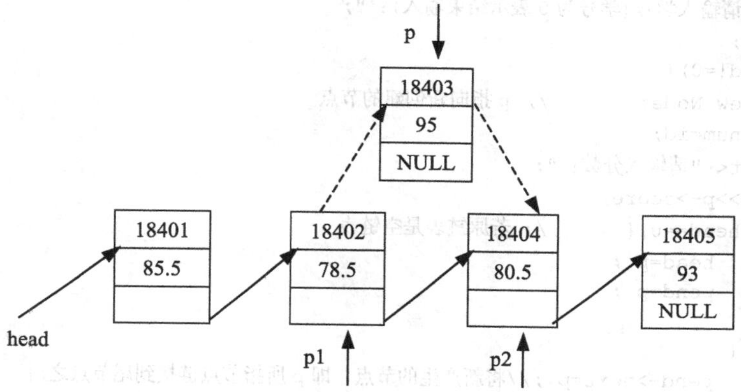

图 5-4　插入一个节点

5.3.3　链表的应用

链表的应用包括创建链表、输出链表、释放链表节点空间、在链表中删除具有指定值的节点，以及插入一个节点等。

1. 创建一条无序链表

链表的创建是指从无到有建立一条链表。创建链表可按如下步骤进行。

（1）动态申请内存空间建立一个节点，给节点的成员赋值。

（2）将该节点连接到链表中。

（3）重复上述过程，直到链表建立完成。

下面通过函数 creat( )建立一个如图 5-2 所示的学生信息链表。

由于通过头指针可以访问整个链表，故链表的头指针可以代表链表。因此 creat( )函数的返回值设计为建立链表的头指针，类型为 Node*，即 create 函数的原型说明如下。

```
Node *create( );
```

【例 5-2】 编写函数，建立一条单向链表存储学生信息。

程序设计

（1）定义整型变量 id，用于存放输入的学号。

（2）分配动态节点空间，用指针变量 p 指向该节点，读入一个学生数据（包括学号和成绩）并赋值给该节点的各个成员。

（3）若原链表是空链表，则 p 指向的节点既是首节点，也是尾节点。将指针变量 head 和 pend（指向尾节点的指针）都指向该节点；否则，将 p 指向的节点链接到 pend 的后面，并将 p 作为当前尾节点。

（4）重新输入学号。

（5）如果学号不为 0，就重复步骤（2）~ 步骤（4）。

（6）循环结束（节点全部产生）后，给尾节点加上链尾标记。

源程序代码

```
Node *create( ){
    Node *head=0;            //头指针值为 0 表示空表
    Node *p , *pend;         //pend 指向当前链表的尾节点
    int id;
    cout<<"请输入学号(学号为 0 表示结束输入): ";
    cin>>id;
    while(id!=0){
        p=new Node;          // p 指向新创建的节点
        p->num=id;
        cout<<"请输入分数: ";
        cin>>p->score;
        if(head==0){         // 若原链表是空链表
            head=p ;
            pend=p ;
        }
        else {
            pend->next=p ;//将新产生的节点，即 p 所指节点链接到尾节点之后
            pend=p ;       //p 为当前尾节点，即 pend 指向 p 所指节点
        }
        cout<<"请输入学号:" ;
        cin>>id;
    }
    pend->next=0 ;    //设置链尾标志
    return head ;
}
```

2. 输出链表

输出一条链表时，首先需要判断链表是否为空，若链表不为空，则必须知道链表首节点的地址。链表首节点的地址，由链表创建函数 create 带回，因此链表的输出函数 print 应有一个形参，为结构体 Node 类型的指针变量，用于接收实参传递的链表头指针的值。print 函数不需要返回值，因此输出函数的原型说明如下。

```
void print( Node *head);
```

【例 5-3】 设计一个函数用于输出链表上各个节点的值。

程序设计

（1）如果链表为空，直接返回，此时由 return 语句结束函数。

（2）p 指针指向首节点，并遍历链表。

（3）输出 p 所指节点的值。

（4）p 指向下一个节点。

（5）如果链表中仍有节点，即 p!=0，重复步骤（3）~步骤（4）。

源程序代码

```
void print(Node *head ) {          //head为待输出链表的头指针
     Node *p=head;
     if(p==0) { cout<<" 链表为空!\n";  return;  }
     cout<<"链表上各个节点的值为：\n";
     while(p!=NULL){               //A
          cout<<p->num<<'\t';
          cout<<p->score<<endl;
          p=p->next;
     }
   cout<<'\n';
}
```

程序分析

程序中的 print 函数虽然是地址传递，但改变形参 head 所指位置不会引起实参的变化。A 行的循环条件不能改为 p->next!=NULL，因为 print 函数的功能是输出链表上所有节点的值，包括尾节点。

3. 释放链表

组成链表各节点的内存单元都是通过 new 运算符动态申请的，因此链表使用完毕后，要用运算符 delete 释放动态申请的空间，以便有效管理内存。

【例 5-4】 设计一个函数，用于释放已知链表的节点空间。

源程序代码

```
void release(Node *head ) {       //head为待释放链表的头指针
     if(head==0) { cout<<" 链表为空!\n" ;  return ;  }
     Node *p ;
     while( head ){               //循环条件为只要head还指在某个节点上
          p=head;
          head=head->next ;       //头指针不断后移，指向链表的各个节点
          delete p;               //释放p指向节点的内存空间
     }
     cout<<"节点空间释放完毕!\n ";
}
```

4. 删除链表节点的操作

删除链表中具有指定值的节点，要考虑几种情况：链表是空表；要删除的是第一个节点；要删除的是中间节点；要删除的是尾节点；链表中找不到要删除的节点。

（1）原链表是空表（无节点）。此时头指针 head 为 NULL，链表中无节点可以删除，函数返回 NULL 即可。

（2）要删除的是首节点。此时原链表首节点的后继节点将成为新链表的首节点。为此可定义指针变量 p2 指向原链表首节点，然后头指针 head 后移指向原首节点的后继节点，即将第二个节点作为首节点，最后释放原首节点的空间。语句如下。

```
Node *p2=head;
head=head->next;
delete p2;
```

（3）要删除的是中间节点。设 p2 指向要删除的节点，p1 指向 p2 的前驱节点，删除语句如下。

```
p1->next=p2->next;   //将要删除节点的下一个节点链接到要删除节点的前驱节点后
delete p2;
```

（4）要删除的是尾节点。设指针变量 p1 指向原尾节点的前驱节点，p2 指向原尾节点。然后使 p1 指向的节点成为新的尾节点，再释放原尾节点所占的动态空间，语句如下。

```
p1->next=0;     //A
delete p2;
```

此时，p2->next 的值为 0，A 行等同于 p1->next=p2->next，即删除中间节点和尾节点的方法相同。

（5）原链表中找不到要删除的节点。此时返回原链表的头指针即可。

【例 5-5】 编写函数，删除链表上第一次出现指定值的一个节点。

程序设计

定义 Delete_one_Node( )函数用来删除链表中具有指定值的节点。由于删除一个节点后，函数仍需要返回链表的头指针，故函数的返回值类型为指向 Node 类型的指针。函数的参数应为两个，一个参数用于传递原链表的头指针，另一个参数为删除条件，如用 data 表示要删除节点的学号。

源程序代码

```
Node *Delete_one_Node(Node *head, int data){
    Node *p1,*p2;
    if(head==NULL) {                    //第（1）种情况
        cout<<"无节点可删!\n "; return NULL;
    }
    if(head->num==data) {               // 第（2）种情况
        p2=head;
        head=head->next;
        delete p2;
    }
    else{
        p2=p1=head;
        while(p2->num!=data&&p2->next!=NULL) {     //查找要删除的节点
            p1=p2;   p2=p2->next;
        }
        if(p2->num==data) {
            p1->next=p2->next;    delete p2;      //第（3）、第（4）种情况
        }
        else cout<<"没有找到要删除的节点!\n";       //第（5）种情况
    }
    return head;
}
```

5. 对链表的插入操作

要在链表中插入一个节点，首先需要生成准备插入的节点，然后在链表中查找插入位置，最后实现插入操作。

例如，将一个节点插入已经按学号排好序的链表中，使得插入新节点后，链表依然有序。此时要考虑几种情况：原链表是空表，则插入的节点既是首节点，也是尾节点；将新节点插入原链表的首节点之前；在两个节点之间插入节点；在链尾插入新节点。

（1）原链表是空表。此时头指针 head 的值为 NULL。将指针变量 p 指向的节点插入空表中，

该节点既是首节点，也是尾节点，语句如下。

```
p->next=0;head=p;
```

（2）插入的节点作为新链表的首节点。此时将原链表的首节点连接到p指向节点的后面，然后使头指针head指向p指向的节点，语句如下。

```
p->next=head;
head=p;
```

（3）插入的节点作为新链表的中间节点。为查找插入位置，使指针变量p1和p2指向首节点，语句如下。

```
p1=p2=head;
```

若条件p2->num<p->num（p指向要插入的节点）成立，则继续查找下一个节点。查找过程中保持p1指向的节点是p2所指节点的前驱节点，语句如下。

```
p1=p2;
p2=p2->next;
```

一直查找到链表的尾节点为止。当p2->num>=p->num时，即找到插入位置，将p所指节点插入p1和p2之间，语句如下。

```
p1->next =p;
p->next=p2;
```

（4）插入的节点作为新链表的尾节点。当查找插入位置结束时，条件p2->num<p->num依然成立，表示在链尾插入新节点。即将新节点p连接到尾节点p2后面，再将新节点作为新链表的尾节点，语句如下。

```
p2->next=p;
p->next=0;
```

【例5-6】 将一个学生信息节点插入有序的学生链表中，使插入后链表依旧按照学生学号升序排列。

程序设计

设Insert( )函数完成在链表中插入节点的操作。该函数的返回值类型设计为指向Node类型的指针，函数有两个参数，一个参数用来传递原链表的头指针，另一个参数指向要插入的节点。

源程序代码

```
Node *Insert(Node *head, Node *p) {
    Node *p1,*p2;
    if(head==0) {                          //第（1）种情况
        head=p;
        p->next=0;
        return head;
    }
    if(head->num>=p->num) {                //第（2）种情况
        p->next=head;
        head=p;
        return head;
    }
    p2=p1=head;
    while(p2->next&&p2->num<p->num){       //在链表中查找要插入的位置
```

```
        p1=p2;p2=p2->next;                  //p1 指向 p2 的前驱
    }
    if(p2->num<p->num) {                    //第（4）种情况
        p2->next=p;
        p->next=0;
    }
    else{                                   //第（3）种情况
        p->next=p2;
        p1->next=p;
    }
    return head;
}
```

5.4 共 用 体

C++语言中的共用体类型也是构造数据类型，它是使几种不同类型的变量存放到同一个地址开始的内存单元中。具有这种存储特性的变量称为共用体类型的变量。

5.4.1 共用体类型

定义一个共用体类型的一般格式如下。

```
union 共用体类型名{
    成员列表
};
```

其中，union 是关键字，声明定义的类型是共用体类型；共用体类型名是自定义标识符，为所定义共用体类型的名称；成员列表由若干成员说明组成，每个成员包括数据类型和名称，成员的数据类型可以是基本数据类型，也可以是构造数据类型。

例如，定义一个共用体类型。

```
union SS {
    int num;
    char name[20];
    float score;
};
```

SS 是共用体类型名，该类型包含 3 个数据成员，它们使用同一个存储空间。

5.4.2 共用体类型变量的定义

共用体类型变量的定义方法与结构体类型变量的定义方法类似。

（1）先定义共用体类型，再定义共用体类型的变量。例如：

```
SS s1,s2;       //定义 s1 和 s2 是 SS 类型的变量，SS 是已经定义的共用体类型
```

（2）在定义共用体类型的同时定义共用体类型的变量。例如：

```
union data{
    int i;
    float f;
}da1,da2;         //定义共用体类型 data 的两个变量 da1 和 da2
```

（3）直接定义共用体类型的变量。例如：

```
union {
  int i;
  char c;
}sa1,sa2;
```

共用体类型的变量所占存储空间的大小由占空间最大的那个成员决定。例如，s1 是 SS 共用体类型的变量，它的数据成员为 num、name 和 score，其中 name 所占空间最大，所以 s1 占 20 个字节的存储空间。

5.4.3 共用体类型变量的引用

只有先定义了共用体变量才能引用共用体变量的成员，并且不能直接引用共用体变量。

引用共用体变量数据成员的一般格式如下。

```
共用体变量名.成员名
```

例如，已经定义了共用体 SS 类型的变量 s1，则 s1.num、s1.name、s1.score 分别表示 s1 变量中的 3 个成员。可以对变量 s1 的各个数据成员赋值。例如：

```
s1.num=18401;
strcpy(s1.name," LiNin");
s1.score=80.5;
```

注意："cin>>s1;"是错误的语句，因为不能直接引用共用体变量。

5.4.4 共用体类型变量的特点

在使用共用体类型变量时，要注意以下一些特点。

（1）共用体类型变量的存储空间在某一时刻只能存放其中一个成员，而不是同时存放几个成员，即起作用的成员是最后一次存放的成员。例如：

```
da1.i=2018;    //da1 是已定义的共用体类型变量
da1.f=98.5;
```

完成以上赋值运算后，只有 da1.f 是有效的。此时 da1.f 的值为 98.5，而输出 da1.i 不能得到正确的结果。

（2）共用体类型变量的地址和它的各成员的地址都是同一地址。例如，&da1、& da1.i、& da1.f 是同一地址值。

（3）不能在定义共用体类型变量的同时对它初始化。相同类型的共用体变量可相互赋值。

（4）不能将共用体类型变量作为函数的参数，也不能将函数返回值类型定义为共用体类型。可以使用指向共用体类型变量的指针。

（5）共用体类型可以出现在结构体类型定义中，也可定义共用体数组；同样，结构体也可以出现在共用体类型定义中。

【例 5-7】 用指针变量引用共用体变量的成员示例。

源程序代码

```
#include <iostream>
using  namespace std;
union  Un{
    int count;
```

```
    char ch;
};
int main() {
    Un un;
    Un *p=&un;
    p->count=0;
    p->ch='A';
    cout<<p->count<<endl;
    return 0;
}
```

程序运行结果

```
65
```

5.5 程序举例

【例 5-8】 编写程序输入一行字符串，用单向链表统计该字符串中每个字符出现的次数。链表的节点结构定义如下。

```
struct Node {
    char c;
    int  count;
    Node * next;
};
```

程序设计

链表节点结构定义的成员 c 保存字符串中出现的字符，count 成员记录该字符出现的次数。定义 search 函数，判断字符 ch 是否出现在链表 head 中，若出现（某节点的成员 c 与 ch 相同），则该字符出现的次数即该节点成员 count 加 1，否则，将该字符作为新节点的成员 c，并初始化其出现次数为 1，然后将该节点插入链首。在主函数中调用 search 函数，处理字符串中的所有字符。

源程序代码

```
#include <iostream>
using  namespace std;
struct Node {
    char c;
    int  count;
    Node * next;
};
Node *search(Node *head, char ch) {         //建立头指针为 head 的链表
    Node *p;
    p=head;
    while(p) {                              //查找含 ch 字符的节点
        if(p->c==ch) {                      //若找到，ch 字符的出现次数加 1
            p->count++; break;
        }
        p=p->next;
    }
    if(p==0){                               //若找不到，建立新节点，连接在表头
        p=new Node;
```

```
            p->c=ch;
            p->count=1;
            if(head) p->next=head;      //若表不空
            else  p->next=0;           //若表空
            head=p;
        }
        return head;
    }
void print(Node *head) {                //输出头指针为 head 的链表
        while(head) {
            cout<<"字符: "<< head->c<<" \t 出现"<< head->count<<"次"<<endl;
            head=head->next;
        }
    }
void dele(Node *head) {                  //释放头指针为 head 的链表
        Node *p;
        while(head){
            p=head;
            head=head->next;
            delete p;
        }
    }
int main(void) {
        Node *h=0;
        char s[300],*p=s;
        char c;
        cout<<"输入一行字符串:";
        cin.getline(s,300);
        while( c=*p++ )h=search(h,c);
        print(h);
        dele(h);
    }
```

程序运行结果

```
输入一行字符串: qwerqwqwe
字符: e        出现 2 次
字符: w        出现 3 次
字符: q        出现 3 次
字符: r        出现 1 次
```

【例 5-9】 编写一个程序将一个链表逆序，即将链头当链尾，链尾当链头。链表的节点定义如下。

```
struct Node {
    int data;
    Node * next;
};
```

程序设计

（1）设计函数 create 创建一条单向链表，头指针 head 指向首节点。

（2）设计函数 invert 将链表逆序。逆序时通过指针变量 p 遍历链表，将每个节点依次取下来，插入链首。用指针 p 指向要处理的节点，指针 q 指向 p 的后继节点。

（3）设计函数 print 输出链表，函数 release 释放链表。

源程序代码

```
#include<iostream>
using namespace std;
struct Node{
    int data;
    Node *next;
};
Node *create( ){                    //采用头插法建立链表，即将新产生的节点插入到链首
    Node *head=0 ;                  //头指针
    Node *p;
    int a;
    cout<<"请输入数据(为 0 表示结束输入):" ;
    cin>>a;
    while(a!=0){
        p=new Node;
        p->data=a;
        p->next=head;
        head=p;
        cin>>a;
    }
    return  head ;
}
Node * invert(Node *head){
    Node *p,*q;
    p=head->next;                   //指针变量 p 指向第二个节点，即取下首节点后，需处理的链表的开始位置
    if(p!=NULL){
        head->next=NULL;    //首节点作为尾节点
        do{
            q=p->next;
            p->next=head;
            head=p;
            p=q;
        }while(p!=NULL);  //尾节点处理完毕，循环结束
    }
    return head;
}
void print(Node *head ){
    if(head==0)  { cout<<" 链表为空!\n" ;  return ;  }
    Node *p=head;
    cout<<"链表上各个节点的值为: \n";
    while(p!=0){
        cout <<p-> data<<'\t';
        p=p->next;
    }
}
void release(Node *head ){
    if(head==0)  { cout<<" 链表为空!\n" ;  return ;  }
    Node *p;
    while(head){
        p=head;
        head=head->next ;
        delete p;
    }
```

```
        cout<<"\n 节点空间释放完毕!\n";
}
int main( ){
        Node *head;
        head=create();
        print(head);
        head=invert(head);
        cout<<"\n 逆序后";
        print(head);
        release(head);
}
```

程序运行结果

```
请输入数据（为 0 表示结束输入）: 1 2 3 4 5 6 7 8 9 0
链表上各个节点的值为:
9 8 7 6 5 4 3 2 1
逆序后链表上各个节点的值为:
1 2 3 4 5 6 7 8 9
节点空间释放完毕!
```

5.6 习　题

1. 已知 head 指针指向一个已建立的单向链表。链表中每个节点包含数据域（data）和指针域（next）。定义一个函数求链表中所有节点的数据域之和。

2. 设已建立了两条单向链表，链表中每个节点包含数据域和指针域。两条链表的数据域按升序排列。编写一个函数将两条链表合并成一条链表，使得合并后的新链表上的数据仍然按升序排列。链表节点的数据结构如下。

```
struct node {
    int data;
    node *next;
};
```

3. 定义一个函数 int dele(link *h, int x)用于删除一个头指针为 h 的整数链表中值为 x 的节点，若删除成功返回 0，否则返回-1。链表的节点结构定义如下。

```
struct link{
    int data;
    link *next;
};
```

要求设计函数 link *find(link *h, int x)在链表中查找值为 x 的节点，找到后返回一个指向 x 前趋的指针，否则返回空指针，并在 dele 函数中调用 link 函数。

4. 有 10 个学生，每个学生的数据包括学号、姓名、3 门课的成绩，从键盘输入 10 个学生的数据，要求打印每个学生 3 门课的总平均成绩，以及最高分的学生的数据（包括学号、姓名、3 门课成绩、平均分数）。

第6章 类和对象

前面介绍的程序设计方法都是面向过程的，这种方法一般适用于规模不太大的问题，但当面对规模较大的问题时，程序编写起来就会有一定的困难，用面向对象的程序设计方法可解决这一困难。

6.1 面向对象的程序设计

面向对象的程序设计方法就是用类来抽象地描述所需解决的一类实际问题，用对象来代表要解决的某个具体问题。下面通过一个例题比较面向过程的程序设计方法和面向对象的程序设计方法。

【例 6-1】 计算矩形的周长和面积。

程序设计

根据矩形的性质，矩形可由两条边确定。根据题意，将矩形的属性边长与本例题关注的求周长和面积功能抽象出来：程序中用两个变量来代表矩形的两条边，并且用相应的函数根据矩形的边求其周长和面积。分别用面向过程的方法和面向对象的方法实现题目要求的功能。

源程序 1 代码（面向过程的程序设计）

```
#include<iostream>
using namespace std;
int circum(int a, int b) {        //求矩形的周长
    return 2*(a+b);
}
int area(int a, int b){           //求矩形的面积
      return a*b;
}
int main( ){
      int a1, b1;
      cout<<"请输入矩形的边长：";
      cin>>a1>>b1;
      cout<<"矩形周长： "<<circum(a1, b1)<<endl;
      cout<<"矩形面积："<<area(a1, b1)<<endl;
      return 0;
}
```

程序 1 运行结果

请输入矩形的边长：<u>3 5</u>

矩形周长：16
矩形面积：15

源程序 2 代码（面向对象的程序设计方法）

```
#include<iostream>
using namespace std;
class REC{
      int a, b;
public:
      REC(int t1, int t2){
          a=t1;    b=t2;
      }
      int circum(){             //求周长
            return 2*(a+b);
      }
      int area(){               //求面积
            return a*b;
      }
};
int main( ){
      int a1, b1;
      cout<<"请输入矩形的边长：";
      cin>>a1>>b1;
      REC r1(a1, b1);
      cout<<"矩形周长： "<<r1.circum( )<<endl;
      cout<<"矩形面积："<<r1.area( )<<endl;
      return 0;
}
```

程序 2 运行结果

请输入矩形的边长：3 5
矩形周长：16
矩形面积：15

在例 6-1 中，程序 1 采用的是面向过程的程序设计方法。程序中用函数 circum 和 area 分别计算矩形的周长和面积，主函数中分别给定两个函数的参数来计算矩形的周长和面积。但是，计算周长和面积的函数没有必然的联系，若给定的参数不同，它们计算得到的周长或面积就不是同一个矩形的周长和面积。

在例 6-1 中，程序 2 采用的是面向对象的程序设计方法。程序中首先定义了一个类 REC 来描述矩形的边长（属性）、计算其周长和面积的函数（方法），在主函数中定义一个对象 r1 代表矩形，通过对象 r1 获取到的信息均是 r1 代表的矩形的信息，不同的矩形之间数据不会交叉。

类和对象是面向对象的程序设计方法的基础。面向对象的程序设计的基本思想是通过类描述问题。通过对象（类概念下的实例）代表要处理的具体问题。类一旦定义，其处理问题的模式即已确定，通过该类的对象调用类的成员函数即可解决具体的问题。

类是面向对象的程序设计方法的要素。类有 3 个基本特征：封装性、继承性和多态性。本章主要从类的定义和使用方面阐述类的封装性。这里的封装有两重含义：一是指将数据和操作数据的函数封装成一个类；另一含义是指类可以为其成员指定访问权限，以实现其必要的信息隐藏，即在类的外部不能随意访问类的私有成员或保护成员。可以通过类提供的公共接口与外部通信。

类是对某一类问题的抽象描述，只有对象才能表示具体的问题。例如，矩形是一个概念，如果用户只关心矩形的边长、周长和面积，则可以定义一个类，该类中用两个数据成员描述矩形的边，用两个函数根据边长分别计算矩形的周长和面积。这样定义的类是一个抽象的概念，在用户关心的问题下适用于所有的矩形。当然，要表示某一个具体的矩形，还需定义该类下的变量，并对变量赋值后才能代表具体的某个矩形。这里的变量即为对象。

6.2 类

类的定义形式类似于结构体，但是，类更加强调数据的安全性，即类成员默认的访问特性是私有的。类的私有特性成员在类外部只能通过类的公有成员函数或友元函数间接访问。定义类的一般格式如下。

```
class 类名{
public:
     公有成员列表;
protected:
     保护成员列表;
private:
     私有成员列表;
};
```

其中，class 是定义类的关键字；类名是一个自定义标识符；类名后花括号中的内容称为类体，描述了类的数据成员和成员函数。

类体中的关键字 public、protected、private 分别用来说明列表中成员的访问特性，即这些成员的存取权限。关键字 public 后列出的成员具有公有访问特性；关键字 protected 后列出的成员具有保护访问特性；关键字 private 后列出的成员具有私有访问特性。如果对类成员的访问特性不加说明，则该成员默认具有私有访问特性。例如：

```
class A{
     int a, b;
protected:
     int c;
public:
     A (int m, int n) {
          a=m;  b=n;  c=m+n;
     }
     void print( ) {
          cout<<a<<'\t'<<b<<'\t'<<c<<endl;
     }
};
```

类 A 中虽然没有说明数据成员 a 和 b 的访问特性，但由于类的默认访问特性为私有的，所以数据成员 a 和 b 具有私有访问特性。用 protected 关键字限定的数据成员 c 的访问特性是保护的。从关键字 public 开始，定义的两个函数 A 和 print 均具有公有的访问特性。类定义时，最后的分号不可省略。

类中可以定义与类同名的函数，该函数不指定函数类型，函数体中也不用 return 语句返回任何数据。该函数称为类的构造函数，用于生成对象时为对象的数据成员初始化。类中定义普通函数的形式与面向过程程序的函数定义形式基本相同。

类的定义应该注意以下几点。

（1）对于一个具体的类定义，不一定所有访问特性的成员都齐全。一般情况下，一个类的数据成员定义为私有访问特性，成员函数定义为公有访问特性。保护访问的成员在有继承和派生相关的类中才使用。例如，在上述类 A 的定义中，如果类 A 不用于生成新的派生类，则其成员数据 c 也说明为私有访问特性。

（2）在类定义中，public、protected、private 出现的顺序和次数均没有限制，但正常情况下，同一访问特性的成员相对集中，这样可以使程序更加清晰可读。

（3）类的成员函数中可以直接引用自身类的成员，且不受访问特性的限制。例如，上述类 A 的成员函数中对成员变量 a、b、c 的引用。

（4）不能用关键字 auto、register、extern 将成员说明为自动类型、寄存器类型或外部类型。可以用关键字 static 将成员说明为静态类型，其意义为该成员属于类的所有对象共有。

（5）不能在类的定义过程中给成员变量赋初始值。除类的静态成员数据以外，只有在类的对象定义之后，才能给对象的数据成员赋初始值。例如：

```
class A1{
    int a=20;                    //错误，不能在类的定义过程中给其成员赋值
public:
    A1( int a);
    void print( );
};
```

（6）在类体内定义的函数具有内联特性。在类体内直接定义成员函数一般仅适合于较短小的函数。如果成员函数的规模较大，建议在类体外定义其函数体，但在类体内必须先说明相应的函数。同时，在类体外定义相应函数时，应使用作用域运算符表明该函数是类的成员。例如，可以使用下列形式重新定义上述类 A。

```
class A{
    int a, b;
protected:
    int c;
public:
    A(int, int);                 //函数原型说明
    void print( );               //函数原型说明
};
A::A(int m, int n) {             //A
    a=m;  b=n;  c=m+n;
}
void A::print( )  {              //B
    cout<<a<<'\t'<<b<<'\t'<<c<<endl;
}
```

在上述代码中，A 行和 B 行函数名前的“A::”不可省略。

6.3 对　　象

类是抽象的，不占用内存，而对象是具体的，占用存储空间。对象是类的变量，同一个类可

以定义若干对象。

6.3.1 对象的定义与使用

定义类后，可以以类为模板声明该类的对象（实例）。定义对象的语句格式类似于结构体变量的定义，有3种方法，只需用类名取代相应的结构体名。

例如，对于上节定义的类A，可以用下列语句定义该类对象a1、a2、a3。

```
A a1(1,2);
A a2(2,3), a3(3,4);
```

定义对象时，提供的参数应与构造函数匹配。

此外，可以在定义类A的同时定义对象，或定义类时不定义类名直接定义对象。

定义对象后，可以通过对象名和成员运算符“.”来使用类的成员。在类体外访问类的成员时，要指明该成员属于哪个对象，即通常要通过对象来使用对象的成员。例如，可以通过上面定义的对象a1、a2、a3来访问类A的公有成员。

```
a1.print( );     //A
a2.print( );     //B
a3.print( );     //C
```

一个类可以定义多个对象，不同对象的数据成员值通常是相互独立的。例如，上述A、B、C这3条语句分别输出3个对象的成员数据，输出结果如下。

```
1  2  3
2  3  5
3  4  7
```

需要注意的是，访问成员函数时，应该提供实参。若是无参函数，函数名后的一对括号不能少。

6.3.2 对象的指针及引用

对于一个已定义的类，可以定义指向该类对象的指针，也可以定义该类的动态对象和对象的引用。

【例6-2】 对象的指针及引用示例。

源程序代码

```
#include<iostream>
using namespace std;
class B{
    int a, b;
public:
    B(int t1=0, int t2=0) {
        a=t1;  b=t2;
    }
    void print( ) {
        cout<<a<<'\t'<<b<<endl;
    }
};
int main( ) {
    B b1(1,2);
    B &b2=b1;           //定义对象b1的引用
```

```
    B *pb;                  //定义指向类B的对象的指针
    b1.print( );            //A
    b2.print( );            //B
    pb=new B;               //C
    pb->print( );           //D
    (*pb).print( );         //E
    delete pb;              //释放动态对象
    return 0;
}
```

程序运行结果

```
1    2
1    2
0    0
0    0
```

因为程序中的对象 b2 是对象 b1 的引用，所以 A 行和 B 行的输出相同（输出的第一行和第二行）。程序中的 C 行将类 B 的指针 pb 指向了一个动态对象。通过指针引用对象的成员时，可以用 D 行的指针成员运算符形式，也可以用 E 行的成员运算符形式。

6.3.3 对象赋值

对于基本类型的变量，类型兼容的变量之间可以相互赋值，此时若相互赋值的两个变量类型不同，则会自动转换数据类型。类的对象之间也可以相互赋值，但这种赋值通常只限于同一个类的对象之间。当相同类型对象之间相互赋值时，系统会将对象的所有数据成员逐个拷贝。

【例 6-3】 对象之间的赋值示例。

源程序代码

```
#include<iostream>
using namespace std;
class C{
    int a, b, c;
public:
    C(int t1, int t2, int t3){
        a=t1;  b=t2;  c=t3;
    }
    void print( ){
        cout<<a<<'\t'<<b<<'\t'<<c<<endl;
    }
};
int main( ) {
    C c1(1, 2, 3), c2(0, 0, 0);
    cout<<"赋值前: \n";
    c1.print( );
    c2.print( );
    c2=c1;
    cout<<"赋值后: \n";
    c1.print( );
    c2.print( );
    return 0;
}
```

程序运行结果

```
赋值前:
1       2       3
0       0       0
赋值后:
1       2       3
1       2       3
```

在该程序中，语句"c2=c1;"的功能是将 c1 的数据成员 c1.a、c1.b 和 c1.c 分别对应地赋值给 c2.a、c2.b 和 c2.c。

如果两个对象不是由同一个类定义的，即使其数据成员组成相同，通常也不可以相互赋值。例如，在下列程序段中，类 D 和类 E 的对象之间就不可以相互赋值。

```
class D{
        int a, b, c;
public:
        D(int t1, int t2, int t3){
            a=t1;  b=t2;  c=t3;
        }
};
class E{
        int a, b, c;
public:
        E(int t1, int t2, int t3){
            a=t1;  b=t2;  c=t3;
        }
};
```

相同类的对象之间的赋值是通过调用系统自动生成的类的赋值运算符重载函数完成的。当类中存在指针成员时，如果仍需要实现对象之间的赋值，在定义类时应当为类重新定义赋值运算符重载函数。

6.4 类成员的访问控制

类的成员之间可以相互直接访问。关键字 public 后列表的成员为公有成员，其访问特性为公有的，可以在类体外不通过类的成员函数对其直接访问。关键字 private 后列表的成员为私有成员，其访问特性为私有的，不可以在类体外直接访问，在类体外只可以通过类的公有成员间接访问。关键字 protected 后列表的成员为保护成员，其访问特性类似于私有特性，但增加了在该类的派生类中可以直接访问的权限。

【例 6-4】 定义一个复数类，在主函数中实现复数的相加。

源程序代码

```
#include<iostream>
using namespace std;
class F{
        int a, b;
public:
        F(int t1=0, int t2=0) {
```

```
        a=t1;  b=t2;
    }
    void set(int t1, int t2){
        a=t1;  b=t2;
    }
    void print( ) {
        cout<<a<<"+"<<b<<"i"<<endl;      //其中字符"i"为复数的虚部标记
    }
    int geta( ) {  return a;  }
    int getb( ) {  return b;  }
};
int main( ) {
    F f1(1, 2), f2(3, 4), f3;
    f1.print( );                        //A
    f2.print( );                        //B
    int a1, b1;
    a1=f1.geta( )+f2.geta( );           //C
    b1=f1.getb( )+f2.getb( );           //D
    f3.set(a1,b1);                      //E
    f3.print( );                        //F
    return 0;
}
```

程序运行结果

```
1+2i
3+4i
4+6i
```

因为类F中的所有成员函数均定义为公有函数，所以，在类体外（主函数中），A、B、C、D、E、F行均可以通过对象来调用这些函数。因为类F的数据成员a和b的访问特性是私有的，所以不能在类体外直接使用。例如，C行和D行要计算对象（复数）f1与f2的和时，是通过公有成员函数geta( )和getb( )间接取得对象f1和f2的数据成员，而不能直接取数据成员，即不能使用如下语句计算。

```
a1=f1.a+f2.a;       //错误
b1=f1.b+f2.b;       //错误
```

6.5 构造函数与析构函数

类是一种用户自定义的类型，其结构多种多样。当根据已定义的类声明一个对象时，系统需要根据其所属的类的结构分配相应的内存空间。系统在为对象分配内存空间时，也可以同时对该对象的成员赋值，即初始化对象。当特定的对象使用结束时，系统还需要做相应的清理内存工作。这两部分工作分别由类的构造函数和析构函数来完成。

6.5.1 构造函数

构造函数是类中与类同名的一组特殊的成员函数，当定义该类的对象时，系统自动调用相应的构造函数，初始化所定义对象的成员。例如，在例6-4主函数中生成对象时，f1提供的参数为（1，2），根据构造函数中的语句，其成员a和b的值分别为1和2。定义对象f3时没有提供参数，系统生成对象时使用了构造函数的默认参数，因而对象 f3 刚生成时其成员值均为 0。

关于构造函数的定义和使用，需注意以下几点。

（1）构造函数是类的成员函数，并且与类同名。反之，在类中与类同名的成员函数一定是类的构造函数。

（2）构造函数没有函数类型，函数名前面不能加包括 void 在内的任何数据类型。在 C++语言中，虽然在定义普通函数时，如果函数名前没有说明类型，系统默认函数为 int 类型，函数中必须有 return 语句返回整数值，但构造函数是类的特殊的成员函数，函数体中不能使用 return 语句返回函数值。

（3）一般应将构造函数说明为公有的访问特性。

（4）一个类可以有多个构造函数，但必须满足函数重载的原则。

（5）构造函数可以在类体内定义，也可以在类体中说明、类体外定义。

6.5.2 默认构造函数

通常需要给每个类定义相应的构造函数，如果没有给类定义构造函数，则编译系统自动生成一个默认的构造函数，该默认构造函数没有参数，其函数体内也没有语句，它仅仅用来生成对象而不初始化对象。但只要用户在定义类时定义了构造函数，编译系统就不再为类生成默认的构造函数。例如，设类 H 和类 I 的定义如下。

```
class H{
     int a, b;
};
class I{
     int a, b;
public:
     I(int t1, int t2)
     {  a=t1;  b=t2;  }
};
```

系统编译时给类 H 增加一个公有的构造函数。

```
H( )
{   }
```

该构造函数只能生成对象，由于其内部没有功能语句，所以不能初始化对象的成员。如果以下列方式定义类 H 的对象：

```
H h1;
```

则对象 h1 的数据成员不确定。

由于类 I 定义了构造函数，所以编译系统不再为类 I 提供默认的构造函数。此时如果以下列方式定义类 I 的对象：

```
I i1;            //错误
I i2(1,2);
```

则定义对象 i1 的语句报错，因为类 I 在定义时，其构造函数具有两个参数。而定义对象 i1 时没有提供参数，系统在自动调用其构造函数时，因缺少相应的参数而出错。对象 i2 能正确定义，且其数据成员 i2.a 和 i2.b 的值分别为 1 和 2。

注意，如果类中含有没有参数的构造函数，在不提供参数定义对象时，不要写出其构造函数的调用形式。例如，对于上述类 H 的对象 h1，不能以下列形式定义。

```
H h1( );              //对象定义错误，这是一个函数的原型说明
```

系统将该语句解释成一个函数的原型说明语句，其函数名为 h1，函数没有参数，返回值为类 H 的对象。

默认的构造函数可以是没有参数的构造函数，也可以是有参数且各个参数均具有默认值的构造函数。但一个类中最多只能有一个默认的构造函数。

【例 6-5】 带有参数的默认构造函数示例。

源程序代码

```
#include<iostream>
using namespace std;
class J{
     int a, b;
public:
     J(int t1=0, int t2=0)  {
          a=t1;   b=t2;
     }
     void print( ){
          cout<<a<<'\t'<<b<<endl;
     }
};
int main( ) {
     J j1, j2(1,2);
     j1.print( );
     j2.print( );
     return 0;
}
```

程序运行结果

```
0      0
1      2
```

在例 6-5 程序中，对象 j1 通过构造函数的默认参数初始化，对象 j2 是通过主函数提供的参数初始化。

6.5.3 析构函数

析构函数也是类的一种特殊成员函数，它执行与构造函数相反的操作，用于撤销对象时的一些清理工作，如释放分配给对象的内存空间等。

与构造函数一样，析构函数也是由系统自动调用的，其函数名是类名前增加一个符号“~”。析构函数同样没有返回值类型，也没有参数，因而不能重载。

与构造函数类似，析构函数可以由用户定义，也可以由系统自动生成。如果用户没有为类定义析构函数，则系统为类生成一个默认的析构函数，该默认的析构函数是空的，函数体中没有语句。当用户定义了析构函数时，系统就不再生成默认的析构函数。

【例 6-6】 析构函数使用示例。

源程序代码

```
#include<iostream>
#include<cstring>
```

```
using namespace std;
class G{
    char *s;
public:
    G(char *p){
        int n=strlen(p);
        s=new char[n+1];
        strcpy(s,p);
        cout<<"调用了构造函数\n";
    }
    ~G( ){  delete [ ]s;  cout<<"调用了析构函数\n";  }
    void print( ) {
        cout<<s<<endl;
    }
};
int main( ) {
    G g1("Visual C++ Program.");
    g1.print( );
    return 0;
}
```

程序运行结果

```
调用了构造函数
Visual C++ Program.
调用了析构函数
```

在例 6-6 主函数中定义对象 g1 时申请了动态内存。动态内存必须由用户主动释放，程序在主函数退出前撤销对象 g1，系统在撤销对象 g1 前，先调用其析构函数释放相应的动态内存。

如果程序中不定义析构函数~G( )，系统将会生成下列默认的析构函数。

```
~G( )
{   }
```

该析构函数中没有功能语句。本例中如果用默认的析构函数，当程序运行结束，主函数退出前系统撤销对象 g1 时，系统并不释放其构造函数中申请的动态内存，即系统没能完全释放 g1 的内存空间。

6.5.4 拷贝构造函数

构造函数用于建立对象时根据提供的参数初始化新建立的对象。在 C++语言中，可以用一个已存在的对象初始化一个新建立的同类对象。这种以对象作为参数的构造函数称为拷贝构造函数。

类的拷贝构造函数可以由用户定义，也可以由系统自动生成。当用户没有为类定义拷贝构造函数时，系统自动生成一个默认的拷贝构造函数，这个默认的拷贝构造函数的功能是将用于提供初始数据的对象的成员值依次复制到新建立的对象中。当然，用户也可以根据实际需要定义特定的拷贝构造函数。当用户定义了拷贝构造函数时，系统就不再自动生成默认的拷贝构造函数。

【例 6-7】 拷贝构造函数示例。

源程序代码

```
#include<iostream>
#include<cstring>
```

```
using namespace std;
class K{
     char *s;
public:
     K(char *p) {
          int n=strlen(p);
          s=new char[n+1];
          strcpy(s,p);
     }
     K(K &t) {
          int n=strlen(t.s);
          s=new char[n+1];          //A
          strcpy(s,t.s);
     }
     ~K( ) {   delete [ ]s;    }
     void print( ){
          cout<<s<<endl;
     }
};
int main( ) {
     K k1("Visual C++ Program.");
     k1.print( );
     K k2(k1);                    //B
     k2.print( );
     return 0;
}
```

程序运行结果

```
Visual C++ Program.
Visual C++ Program.
```

程序中为类 K 定义了两个构造函数，其中函数 K(K &t)是拷贝构造函数。如果定义类 K 时不定义该拷贝构造函数，则系统会自动生成如下的拷贝构造函数。

```
K(K &t) {
     s=t.s;
}
```

其结果是主函数中 B 行生成类 K 的新对象 k2 时，k2 的成员指针与形参对象 t（即实参对象 k1）的成员指针指向同一个内存，从而导致程序结束时，对象 k2 和 k1 的析构函数释放同一内存空间。在本例中设计的拷贝构造函数避免了这一错误。在定义类 K 的拷贝构造函数时，A 行语句根据需要复制的数据（参数对象 t 的成员指针指向的字符串）申请了属于新对象自己的独立动态内存。

6.5.5 构造函数与成员初始化列表

类的成员既可以是基本类型的数据，也可以是构造类型的数据。当类的成员是引用类型、常量型或对象时，初始化类的成员不能在构造函数体中用赋值语句直接赋值。这类成员的初始化数据以成员列表的形式提供。

【例 6-8】 成员初始化列表的使用示例。

源程序代码

```
#include<iostream>
using namespace std;
class M{
```

```
    int a;
public:
    M(int t){  a=t;   }
    int geta( )  {  return a;   }
};
class N{
    int a,b;
    const int c;
    int &d;
    M m1;
public:
    N(int t):m1(++t),d(b),c(++t),a(++t) {      //A
        b=2*t;
    }
    void print( ) {
        cout<<"当前对象的数据成员：\n";
        cout<<"m1.a = "<<m1.geta( )<<endl;   //m1.a 为私有访问特性，不可直接访问
        cout<<"a = "<<a<<endl;
        cout<<"b = "<<b<<endl;
        cout<<"c = "<<c<<endl;
        cout<<"d = "<<d<<endl;
    }
};
int main( ) {
    N n1(1);
    n1.print( );
    return 0;
}
```

程序运行结果

```
当前对象的数据成员：
m1.a = 4
a = 2
b = 8
c = 3
d = 8
```

例 6-8 程序中类 N 的成员有整型变量 a、b，常量 c，引用类型变量 d 以及类 M 的对象 m1。其中，常量、引用类型变量和对象成员只能通过构造函数的参数初始化列表进行初始化。而普通成员既可以在列表中初始化，如类 N 的成员 a，也可以在构造函数体中直接赋值初始化，如类 N 的成员 b。常量成员 c 不能赋初值，引用成员 d 必须定义时初始化，对象成员 m1 的成员 a 为私有的访问属性，这些原因决定了它们只能采用列表形式初始化，如 A 行所示。

要注意的是，构造函数的成员初始化列表只是提供了相应成员的初始化形式和数据，没有决定各个成员的初始化顺序。列表中成员的初始化顺序由类定义时这些成员的说明顺序决定。这些列表中的成员初始化完成后，再执行构造函数体中的语句对其他成员进行初始化。

例 6-8 主函数中对象 n1 的成员初始化过程为：首先构造函数的参数 t 获得数值 1，然后根据类 N 定义时的成员说明顺序，按照列表中的说明形式及参数取值情况，按如下顺序初始化。

（1）初始化成员 a，t 自增为 2，a 取值为 2。

（2）初始化成员 c，t 自增为 3，c 取值为 3。

（3）初始化成员 d，确定成员 d 是对成员 b 的引用。

（4）初始化成员 m1，t 自增为 4，m1.a 取值为 4。

在列表中的成员初始化完成后，执行构造函数体中的语句。成员 b 的取值 2*t 为 8。成员 d 是对成员 b 的引用，其值也为 8。

6.6 this 指针

一般情况下，同一个类的不同对象的数据成员相互独立，在类外使用对象的数据成员或成员函数时，需要用成员运算符（或指针成员运算符）指定该成员所属的对象。但在类的成员函数中使用某个成员时，却不需要指定该成员所属的对象，这是因为当不同的对象调用相同的成员函数时，系统会自动区分成员函数使用的数据所属的对象。

对象自身的引用是面向对象程序设计语言中特有的、十分重要的机制。在 C++语言中，类的各个非静态成员函数中都有一个指针常量 this，该指针自动指向调用成员函数的当前对象，并且成员函数中使用的类的成员均被隐含地施加了 this 指针，即类的成员函数中的成员默认是 this 指针指向的成员。

this 指针一般由系统自动提供，正常情况下系统自动隐含使用。在特定情况下，必须显式地使用 this 指针。

【例 6-9】 this 指针使用示例。

源程序代码

```
#include<iostream>
using namespace std;
class Q{
     int a, b;
public:
     Q(int t1, int t2){
          a=t1;    b=t2;
     }
     void print( ){
          cout<<a<<'\t'<<b<<endl;
     }
     Q add(int a, Q &t){
          this->a=this->a+a+t.a;       //A
          b=b+a+t.b;                   //B，该行语句等价于 this->b=this->b+a+t.b;
          return *this;                //C
     }
};
int main( ) {
     Q q1(1,2), q2(0,0);
     q1.print( );
     q2.print( );
     q1=q2.add(5, q1);
     q1.print( );
     q2.print( );
     return 0;
}
```

程序运行结果

```
1       2
0       0
```

```
6       7
6       7
```

在例 6-9 程序中，类 Q 的成员函数 add 的功能是将当前对象（调用该函数的对象，如主函数中的对象 q2）的成员数据分别加上参数 a 的值，再加上参数对象 t，函数返回值是计算后的当前对象。在该函数中，由于参数 a 与成员 a 同名，所以在 A 行中要表示成员 a 必须显式地使用 this 指针，而 B 行中的成员 b 可以不显式地使用 this 指针，也可以显式地使用 this 指针。C 行需要将当前对象作为函数的计算结果返回，即对 this 指针取值。

6.7 静态成员

同一个类的不同对象之间数据通常是相对独立的，即不同对象的成员互不相干。为了共享类的不同对象之间的数据，C++语言提出了静态成员的概念。在类定义中，用关键字 static 说明的成员为静态成员。类的静态成员又分静态数据成员和静态成员函数。

6.7.1 静态数据成员

类的静态数据成员为类的所有对象共享，即该类所有对象的某个静态数据成员共同使用一个存储空间，如果改变其中一个对象的某个静态数据成员的值，则所有其他对象的该静态数据成员的值均随之改变。因为类的静态数据成员不属于某个特定的对象，而是属于类，即定义类时就为静态数据分配存储空间，所以在类定义时，必须在类体外对静态数据成员进行定义性说明，并初始化。

【例 6-10】 类的静态数据成员的定义与使用示例。

源程序代码

```
#include<iostream>
using namespace std;
class R{
     int a;
     static int b, c;                        //A，静态数据成员 b 和 c 的引用性说明
public:
     R(int t){   a=t;  }
     void add( ){
         a++;    b++;   c++;
     }
     void print( ){
         cout<<a<<'\t'<<b<<'\t'<<R::c<<endl;       //B
     }
};
int R::b, R::c=5;                             //C，静态数据成员的定义性说明
int main( ) {
     R r1(0),  r2(3);
     r1.print( );
     r2.print( );
     r1.add( );                               //D
     r1.print( );
     r2.print( );
     return 0;
}
```

程序运行结果

```
0	0	5
3	0	5
1	1	6
3	1	6
```

在例 6-10 程序中，A 行用关键字 static 为类说明了两个静态数据成员，但 A 行的说明仅为引用性说明，在类体外，C 行对这两个成员变量的定义性说明是必须的。注意，类体外定义类的静态成员时，不可以再使用 static 关键字，但必须使用作用域运算符“::”说明其所属的类。C 行定义的静态变量 b 具有默认的初值 0，即 R::b 的初值为 0，R::c 的初值为 5。

与非静态成员的访问必须指明其所属的对象不同，对静态成员的访问可以指明其所属的对象，也可以直接指名其所属的类。在例 6-10 程序中，B 行对成员 a 和 b 的访问系统解释为 this->a 和 this->b，即当前对象的成员 a 和 b，而对成员 c 的访问是直接指明其所属的类 R。

比较例 6-10 在主函数中定义的类 R 的两个对象，对象 r1 和 r2 的普通成员 a 的值分别为 0 和 3，静态成员 b 和 c 的值同为 0 和 5。D 行通过对象 r1 调用其 add 函数将其各个成员值自增。因为 r1 的成员 b 和 c 是静态成员，所以 r2 的成员 b 和 c 也同样自增；因为 r2 的成员 a 是普通成员，所以 r2 的成员 a 并没有改变。

类的静态数据成员与全局变量类似，可以使类的各对象之间共享数据，如统计总数、求平均值等，但全局变量没有访问权限的限制，依赖全局变量的类是违反面向对象程序设计的封闭性原理的。

6.7.2 静态成员函数

在类的定义中，用关键字 static 修饰的函数为类的静态成员函数。静态成员函数内部没有系统提供的 this 指针，因而静态成员函数只能直接访问类的静态成员，不能直接访问类的非静态成员。

【例 6-11】 类的静态成员函数的定义与使用示例。

源程序代码

```
#include<iostream>
using namespace std;
class S{
     int a;
     static int b;                        //静态数据成员 b 的引用性说明
public:
     S(int t) {  a=t;  }
     static void add1( ){                 //静态成员函数定义
            a++;                          //A，出错！
            b++;                          //B，正确！
     }
     static void add2(S t){             //静态成员函数定义
            t.a++;                      //C
            b++;
     }
     void print( ){
           cout<<a<<'\t'<<b<<endl;
     }
};
int S::b=5;                             //静态数据成员的定义性说明
```

```
int main( ) {
    S::add1( );                //静态程序函数可以在对象未定义时通过类名来调用
    S s1(0);
    s1.print( );
    s1.add2(s1);
    s1.print( );               //D
    return 0;
}
```

程序运行结果（删除 A 行后）

```
0    6
0    7
```

在例 6-11 中，类 S 的成员函数 add1 和 add2 被说明为静态成员函数。由于静态成员函数中没有 this 指针，A 行对成员 a 的访问没有明确属于哪一个对象，所以系统报错，而 B 行的成员 b 是静态的，不必说明其所属的对象。如果需要在静态成员函数中访问类的非静态成员，则可以通过函数的对象参数访问。例如，在例 6-11 中，add2 函数中的 C 行通过参数 t 的对象访问了对象 t 的成员 a。

在程序中，D 行输出的 s1.a 为 0 而不是 1，是因为 add2 函数是值传递，改变形参 t.a 不会影响实参 s1.a，但 t.b 和 s1.b 共享，改变了 t.b 就改变了 s1.b。

6.8 程序举例

【例 6-12】 创建一个 Triangle 类，这个类将直角三角形的两条直角边作为私有数据成员，要求设计构造函数及两个成员函数，分别实现初始化数据、求斜边长度以及求三角形面积的功能。

源程序代码

```
#include <iostream>
#include <cmath>
using namespace std;
class Triangle{
        float a,b;
     public:
       Triangle(float x=0 , float y=0)    {  a=x; b=y;  }
       float f1(){
              return sqrt(a*a+b*b);
       }
       float f2(){
              return a*b/2;
       }
};
int main( ){
    float s,t;
    cout<<"输入直角三角形的两条直角边：";
    cin>>s>>t;
    Triangle aa(s,t);
    cout<<"直角三角形斜边长度为:"<<aa.f1()<<'\n';
    cout<<"直角三角形的面积为:"<<aa.f2()<<'\n';
    return 0;
}
```

【例 6-13】 定义一个数组类，实现将二维数组各行元素排序、各列元素排序、全体元素按内存顺序排序等功能。

源程序代码

```
#include<iostream>
using namespace std;
#include<cstdlib>
class Array{
     int a[4][5];
public:
     Array(int t[][5],int n) {
          for(int i=0; i<n; i++)
               for(int j=0; j<5; j++)
                    a[i][j]=t[i][j];
     }
     void print( ) {       //输出二维数组
          for(int i=0; i<4; i++){
               for(int j=0; j<5; j++)
                    cout<<a[i][j]<<'\t';
               cout<<'\n';
          }
     }
     void fun1( );         //行排序
     void fun2( );         //列排序
     void fun3( );         //内存顺序排序
};
void Array::fun1( ) {
     for(int i=0; i<4; i++)
          for(int k=0; k<4; k++)
               for(int j=k+1; j<5; j++)
                    if(a[i][k]>a[i][j]){
                         int t=a[i][k];
                         a[i][k]=a[i][j];
                         a[i][j]=t;
                    }
}
void Array::fun2( ) {
     for(int j=0; j<5; j++)
          for(int i=0; i<3; i++)
               for(int k=i+1; k<4; k++)
                    if(a[i][j]>a[k][j]){
                         int t=a[i][j];
                         a[i][j]=a[k][j];
                         a[k][j]=t;
                    }
}
void Array::fun3( ) {
     int *p=&a[0][0];
     int n=4*5;
     for(int i=0; i<n-1; i++)
          for(int j=i+1; j<n; j++)
               if(*(p+i)>*(p+j)){
                    int t=*(p+i);
                    *(p+i)=*(p+j);
```

```
                    *(p+j)=t;
                }
}
int main( ) {
    int data[4][5];
    for(int i=0; i<4; i++)
        for(int j=0; j<5; j++)
            data[i][j]=rand( );
    Array a1(data,4), a2(data,4);
    cout<<"\n 原数组: \n";
    a1.print( );
    a1.fun1( );
    cout<<"\n 行排序: \n";
    a1.print( );
    a1=a2;
    a1.fun2( );
    cout<<"\n 列排序: \n";
    a1.print( );
    a1=a2;
    a1.fun3( );
    cout<<"\n 内存顺序排序: \n";
    a1.print( );
    return 0;
}
```

在例 6-13 中，类 Array 的成员函数 fun3 实现二维数组按内存顺序排序时，用一个元素指针 p 指向二维数组的第一个元素，此时可以将二维数组形式的成员数组 a 看成一个一维数组 p 来处理。在主函数中初始化二维数组时使用了随机数生成函数 rand，该函数定义在头文件 cstdlib.h 中，程序头部通过编译预处理命令包含了该头文件。

【例 6-14】 定义一个类，该类可以将一组数据按给定的行列表示成一个二维数组。

源程序代码

```
#include<iostream>
using namespace std;
class Array{
    int *p;        //p 指向数组起始元素，构造函数中应初始化指针成员
    int m, n;      //m、n 分别为二维数组的行数和列数
public:
    Array(int *t, int a, int b)  {
        m=a;
        n=b;
        p=new int[m*n];              //初始化指针成员
        for(int i=0; i<m*n; i++)
            *(p+i)=*(t+i);
    }
    ~Array( )    { delete []p; }     //撤销动态内存
    int get(int i, int j) {          //取数组下标为[i][j]的元素
        return *(p+i*n+j);           //A
    }
    void print( ) {
        for(int i=0; i<m; i++){
            for(int j=0; j<n; j++)
                cout<<get(i,j)<<'\t';
```

```
                cout<<'\n';
            }
        }
};
int main( ) {
    int *data, i0, j0;
    cout<<"请输入二维数组的行数和列数: ";
    cin>>i0>>j0;
    data=new int[i0*j0];
    cout<<"请输入数组元素: ";
    for(int i=0; i<i0; i++)
        for(int j=0; j<j0; j++)
            cin>>*(data+i*j0+j);            //B
    Array a1(data, i0, j0);
    a1.print( );
    delete [ ]data;
    return 0;
}
```

二维数组的元素在内存中是按行优先的顺序排列的，即其元素的内存排列顺序是第一行排列后紧接着排第二行，接着是第三行，以此类推。二维数组的数组名代表了数组元素集合在内存中的顺序存放的起始地址。它是一个行地址，而不是元素地址。例 6-14 程序中的 A 行根据二维数组的起始元素的地址 p 计算元素 p[i][j]的地址，并根据该地址取元素的值。B 行的操作与 A 行类似。

【例 6-15】 定义一个学生类，将一组学生的数据存入对象数组，并根据学生成绩信息排序。要求每位学生的信息中均含有该班成绩的总分和平均分。

源程序代码

```
#include<iostream>
#include<cstring>
using namespace std;
class STU{
    float score;
    char name[15];
    static int count;
    static float sum, average;
public:
    STU( ) {  count++; }
    ~STU( ) {  count--;  }
    void input( ) {
        cout<<"请输入学生姓名和成绩: ";
        cin>>name>>score;
        sum+=score;
        average=sum/count;
    }
    void print( ) {
        cout<<name<<":"<<score<<endl;
    }
    static int get_count( ) {  return count;  }
    static float get_sum( ) {  return sum;    }
    static float get_average( ) { return average;  }
    float get_score( ) { return score; }
};
int STU::count;
```

```
float STU::sum, STU::average;
void input(STU t[ ]) {
    for(int i=0; i<STU::get_count( ); i++)
        t[i].input( );
}
void sort(STU *p[ ]) {
    for(int i=0; i<STU::get_count( )-1; i++)
        for(int j=i+1; j<STU::get_count( ); j++)
            if(p[i]->get_score( )<p[j]->get_score( )){
                STU *t=p[i];
                p[i]=p[j];
                p[j]=t;
            }
}
void print(STU *t[ ]) {
    for(int i=0; i<STU::get_count( ); i++)
        t[i]->print( );
    cout<<"\n学生数: "<<STU::get_count( )<<endl;
    cout<<"总  分: "<<STU::get_sum( )<<endl;
    cout<<"平均分: "<<STU::get_average( )<<endl;
}
int main( ){
    STU *p[5], s[5];          //A
    input(s);
    for(int i=0; i<STU::get_count( ); i++)
        p[i]=s+i;
    sort(p);
    print(p);
    return 0;
}
```

例 6-15 中使用了 3 个静态数据成员以方便统计数据。在为每一个对象输入数据时，其静态成员的数值即为所有对象的统计数据。因为在类的构造函数中，静态成员 count 加 1，在析构函数中，count 减 1，所以，count 的数值代表了内存中对象的个数。注意，主函数中 A 行定义的数组 p 中每个元素的类型均为指向 STU 类型的指针，而数组 s 中的各个元素均为类 STU 的对象。定义指针时是不生成对象的，定义数组时会生成对象。A 行共调用了 5 次类 STU 的构造函数，STU::count 的值为 5。

在调用函数 sort 排序对象数组 s 时，函数 sort 并没有改变数组 s 中元素的相对位置，其排序结果通过改变数组 p 中各指针元素的指向来体现。排序前后数组 p 和 s 的元素取值分别如图 6-1 和图 6-2 所示。

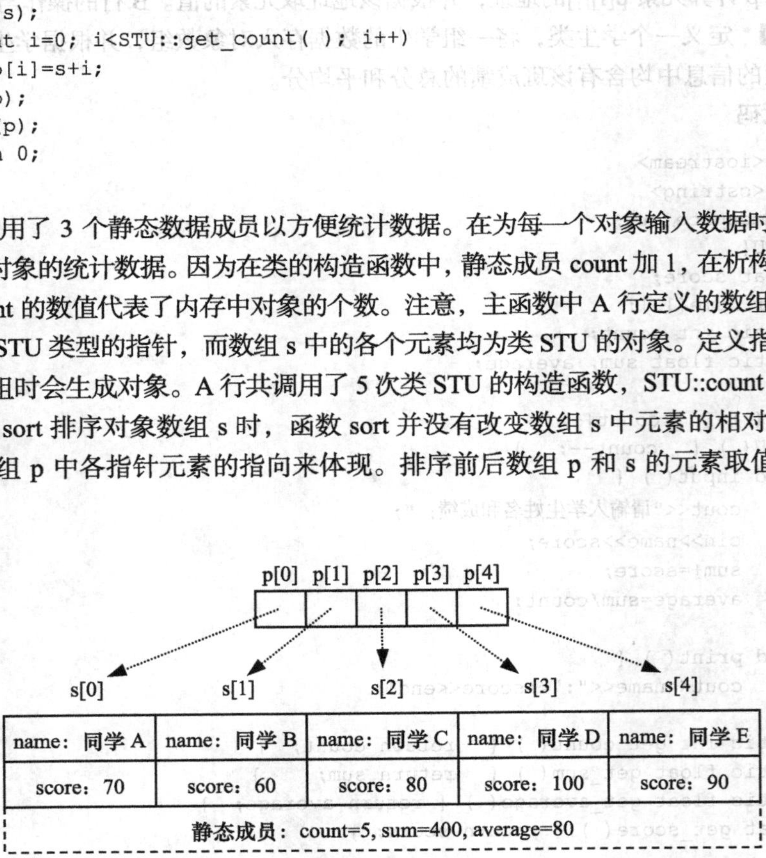

图 6-1　排序前指针数组 p 指向示意图

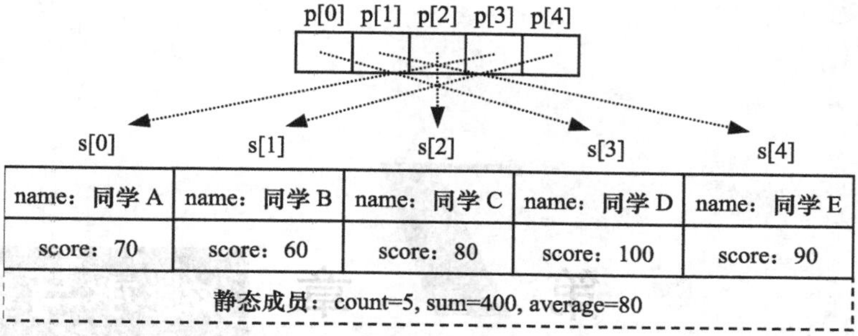

图 6-2　排序后指针数组 p 指向示意图

6.9　习　题

1. 为什么实现拷贝构造函数的参数应该使用引用类型？
2. 在类的成员函数中，如何返回调用该函数的当前对象？
3. 假设 A 为一个类，下列语句序列执行后共调用了几次类 A 的构造函数？

```
A a1, a2[3], *pa, *pb[3];
```

4. 当类中含有引用成员、常量成员、对象成员时，其构造函数是何形式？
5. 定义一个 Point 类表示平面上的一个点，再定义一个 Rectangle 类表示平面上的矩形，用 Point 类的对象作为 Rectangle 类的成员描述平面上矩形的顶点坐标。要求类 Point 中有相应的成员函数可以读取点的坐标值，类 Rectangle 含有一个函数用于计算并输出矩形的顶点坐标及面积。在主函数中对类 Rectangle 进行测试。
6. 定义一个求 $n!$的类，要求其成员数据包括 n 和 $n!$，成员函数分别实现设定 n 的值、计算 $n!$以及输出成员数据。编写一个完整的程序对类进行测试。

第 7 章 继承与多态性

在面向对象程序设计的 3 个基本特性中，封装性是通过类的定义将数据及对数据的操作作为一个整体，隐藏事物的属性，实现代码模块化。继承性是通过扩展已存在的代码模块，实现代码复用，以减少冗余代码，便于程序的测试、调试和维护。多态性则是通过虚函数提供公共接口，实现接口复用——一个接口，多种实现。

7.1 继承与派生

继承是指让一个类获得其他类的属性的方法。继承方式可以是单继承，也可以是多基类继承和多级继承。

7.1.1 派生类

1. 派生的概念

程序设计中的类可能是相互联系的，例如，在学校信息系统中有教师类 teacher 和学生类 student 的定义如下。

```
class teacher{
     char name[10];                    //姓名
     int year,month,day;               //出生日期
     float wage;                       //工资
};
class student{
     char name[10];                    //姓名
     int year,month,day;               //出生日期
     float score;                      //成绩
};
```

这两个类中有部分重复的属性代码，若将它们的共同属性抽取出来定义一个类 people，则在类 people 的基础上，加上成员 wage 可构成教师类 teacher，而加上成员 score 可构成学生类 student，即教师类 teacher 和学生类 student 皆可以从类 people 派生得到。

C++语言的继承机制是以已有的类为基础定义新类。例如，以类 people 为基础，定义类 teacher 和类 student，则类 people 就是基类，也称为父类。新定义的类 teacher 和类 student 称为派生类或子类。它们之间的关系如图 7-1 所示。

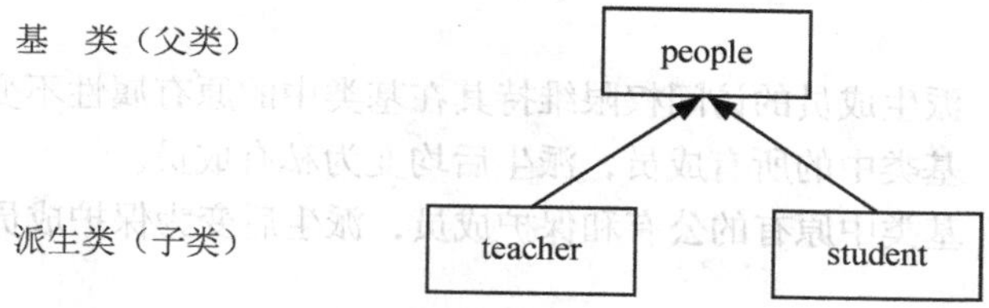

图 7-1　继承和派生

2. 派生类的定义

定义派生类的一般格式如下。

```
class 派生类名: 派生方式 基类名{
    新增成员列表
};
```

派生方式的关键字与类中成员的访问权限相同，public、private 和 protected 方式的派生分别称为公有派生、私有派生和保护派生，默认派生方式为私有派生。类体中新增成员的定义方法与基类中成员的定义方法相同。

【例 7-1】 定义类 people，包含数据成员姓名、出生日期；以类 people 为基类，定义派生类 teacher，包含数据成员姓名、出生日期、工资和工作部门。

源程序代码

```
class people{
    char name[10];              //姓名
    int year,month,day;         //出生日期
};
class teacher: public people{
    float wage;                 //工资
public:
    char department[20];        //工作部门
};
```

根据继承与派生的概念，以类 people 为基类定义派生类 teacher 时，应在派生类中列出基类中没有的成员，即在类 teacher 中新增工资和工作部门两个新成员。根据派生类的定义格式，应在派生类名称的后面加上“:”、派生方式和基类的名称。

7.1.2　派生成员及其访问权限

1. 派生类中的成员

派生类中的成员包括两类，一类是从基类继承来的成员，称为派生成员。例如，在例 7-1 中，类 teacher 包含类 people 的成员 name、year、month 和 day。另一类是派生类的新增成员，即派生类类体中列出的成员。例如，例 7-1 中的类 teacher 包含新增成员 wage 和 department。

通常情况下，派生类除了可以从基类继承全部的数据成员外，还可以继承基类中除构造函数和析构函数以外的其他成员函数。

2. 派生成员的访问权限

派生类中新增成员的访问权限，与基本类相同，由派生类类体中的访问权限关键字说明。例如，在例 7-1 中，类 teacher 的成员 wage 为私有属性，成员 department 为公有属性。

派生类中派生成员的访问权限由其在基类中的原有属性和派生方式两个因素共同决定。具

体如下。

（1）公有派生时，派生成员的访问权限维持其在基类中的原有属性不变。

（2）私有派生时，基类中的所有成员，派生后均变为私有成员。

（3）保护派生时，基类中原有的公有和保护成员，派生后变为保护成员，原有的私有成员派生后仍为私有成员。

公有派生、私有派生和保护派生时，派生成员的访问权限和访问方式分别如表 7-1～表 7-3 所示。

表 7-1　　公有派生时派生成员的访问权限

基类原有成员	派生成员权限	派生类内部访问方式	派生类外部访问方式
公有成员	公有成员	直接访问	直接访问
保护成员	保护成员	直接访问	间接访问
私有成员	私有成员	间接访问	间接访问

表 7-2　　私有派生时派生成员的访问权限

基类原有成员	派生成员权限	派生类内部访问方式	派生类外部访问方式
公有成员	私有成员	直接访问	间接访问
保护成员	私有成员	直接访问	间接访问
私有成员	私有成员	间接访问	间接访问

表 7-3　　保护派生时派生成员的访问权限

基类原有成员	派生成员权限	派生类内部访问方式	派生类外部访问方式
公有成员	保护成员	直接访问	间接访问
保护成员	保护成员	直接访问	间接访问
私有成员	私有成员	间接访问	间接访问

在上述各表中，直接访问是指直接使用成员，间接访问是指通过公有成员函数间接使用成员。在派生类内部能否访问派生成员，由派生成员在基类中的原有属性决定，与派生后的属性无关，即在派生类内部可直接访问基类原有的非私有成员，间接访问私有成员；在派生类外部能否访问派生成员，则要看派生后的属性，即派生后仍为公有的可直接访问，而非公有的只能间接访问。

【例 7-2】 公有派生时派生成员的访问示例。

源程序代码

```
#include<iostream>
using namespace std;
class Base{
    int y;
protected:
    int z;
public:
    int x;
    Base() { x=1;  y=2;  z=3; }
    int gety() {  return y; }
    int getz() {  return z; }
```

```
};
class Derived:public Base{                              //A
public:
     void print(){
          cout<<x<<'\t'<<gety()<<'\t'<<z<<'\n';     //B
     }
};
int  main(){
     Derived test;
     test.print();
     cout<<test.x<<'\t'<<test.gety()<<'\t'<<test.getz()<<'\n';     //C
     return 0;
}
```

程序运行结果

```
1    2    3
1    2    3
```

例 7-2 中在派生类内部，派生类 Derived 的成员函数 print 可直接访问基类 Base 的公有成员 x 和保护成员 z，而私有成员 y 只能通过公有成员函数 gety 间接访问，如 B 行所示。

在派生类外部，如主函数中访问公有派生类对象 test 的派生成员时，只能直接访问基类的公有成员 x，对于私有成员 y 和保护成员 z，必须通过公有成员函数 gety 和 getz 间接访问，如 C 行所示。

若为私有派生或保护派生，即若将例 7-2 中 A 行的 public 改为 private 或 protected，则 C 行将出现编译错误。因为相对于对象 test 来说，无论是 x，还是 gety 或 getz，都是非公有属性。但在派生类的类体中，仍可直接访问基类成员 z 和 x。

7.1.3 多继承

除了只有一个基类的单继承外，C++语言中还有多继承，包括多基类继承和多级继承两种情况。

1. 多基类继承

多基类继承是指派生类具有两个或两个以上基类的继承方式，如图 7-2 所示。

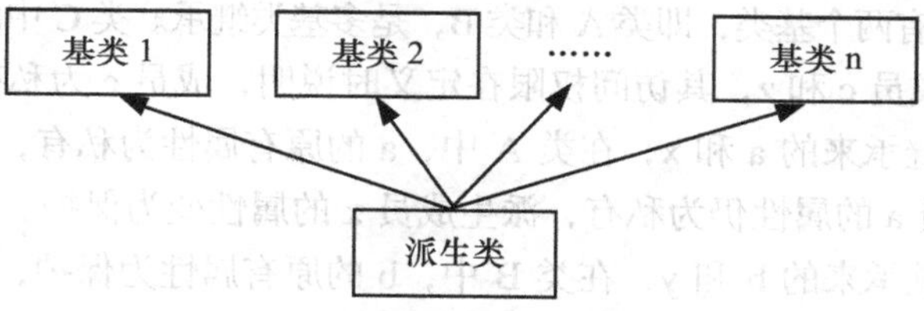

图 7-2 多基类继承

多基类继承是单继承的简单扩展，派生类与每个基类之间的关系仍然是单继承的关系。多基类继承时，派生类的定义格式如下。

```
class 派生类名: 派生方式 1 基类名 1, 派生方式 2 基类名 2, …, 派生方式 n 基类名 n{
     新增成员列表
};
```

多基类继承时，派生类中包含从各个基类继承来的成员，以及派生类中的新增成员。各个派生成员的访问权限，由其在基类中各自的原有访问权限和各自的派生方式决定。

2. 多级继承

在C++语言中，可以将派生类作为基类，产生新的派生类。这种以一个派生类为基类，产生另一个新的派生类的继承方式称为多级继承，如图 7-3 所示。

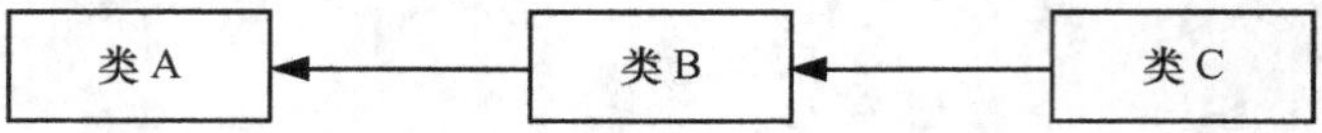

图 7-3　多级继承

在图 7-3 中，类 B 既是类 A 的派生类，又是类 C 的基类。类 C 的基类 B 是类 A 的派生类，所以类 C 是一个多级继承。类 C 中包含了从类 B 继承来的派生成员，类 B 中又包含了从类 A 继承来的派生成员，所以类 C 中包含了类 A 中的成员、类 B 中新增的成员和类 C 中新增的成员。

【例 7-3】 写出下列类定义中类 C 和类 D 的所有数据成员，以及各数据成员的访问权限。

源程序代码

```
class A{
     int a;
public:
     int x;
};
class B{
protected:
     int b;
public:
     int y;
};
class C:protected A,public B{
     int c;
public:
     int z;
};
class D:private C{
     int d;
};
```

在例 7-3 中，类 C 有两个基类，即类 A 和类 B，是多基类继承。类 C 中的数据成员有 3 种情况。

（1）类 C 的新增成员 c 和 z，其访问权限在定义时说明，成员 c 为私有，成员 z 为公有。

（2）从类 A 保护继承来的 a 和 x，在类 A 中，a 的原有属性为私有，x 的原有属性为公有；保护继承后，派生成员 a 的属性仍为私有，派生成员 x 的属性变为保护。

（3）从类 B 公有继承来的 b 和 y，在类 B 中，b 的原有属性为保护，y 的原有属性为公有，公有继承后，派生成员的属性保持不变。所以类 C 中共有 6 个数据成员，分别是私有成员 a 和 c、保护成员 b 和 x、公有成员 y 和 z。

在例 7-3 中，因为类 D 的基类 C 本身是派生类，所以类 D 是多级继承。类 D 中包含了新增成员 d，以及从类 C 继承来的派生成员。因为类 D 继承类 C 的方式是私有派生，且类 D 新增成员 d 为私有成员，所以类 D 的 7 个数据成员都为私有访问权限。

7.1.4　赋值兼容性

通常情况下，只有同类型的对象才能赋值，但在公有派生类时，可将派生类的数据赋值给基类数据。在具有继承关系的类中，派生类向基类的赋值关系称为赋值兼容性。赋值兼容性主要有以下 3 种形式。

（1）将派生类对象赋值给基类的对象，如例 7-4 的 A 行所示。

（2）用派生类对象初始化基类对象的引用，如例 7-4 的 C 行所示。

（3）将派生类对象地址赋值给基类指针，即基类指针指向派生类对象，如例 7-4 的 E 行所示。

【例 7-4】 用赋值兼容性实现派生类向基类赋值的示例。

源程序代码

```
#include <iostream>
using namespace std;
class Base{
public:
     int b;
     void show(){ cout<<b<<'\n'; }
};
class Derived:public Base{
public:
     int d;
     void show()     {     cout<<b<<'\t'<<d<<'\n';     }
};
int main( ){
     Base t1={1},*p;          //定义基类对象 t1，t1.b=1，并定义基类的指针 p
     Derived t2;              //定义了派生类对象 t2
     t2.b=5,t2.d=10;
     t1=t2;                   //A，派生类对象 t2 向基类对象 t1 赋值
     t1.show();               //B
     Base &t3=t2;             //C，用派生类对象 t2 初始化基类对象 t3 的引用
     t3.show();               //D
     p=&t2;                   //E，基类指针 p 指向派生类的对象 t2
     p->show();               //F
     return 0;
}
```

程序运行结果

```
5
5
5
```

赋值兼容性的实质是将派生类对象中从基类继承来的派生成员赋值给基类对象的相应成员。例如，在例 7-4 中，A 行等同于“t1.b=t2.b;”，经赋值后，t1.b 的值等于 t2.b 的值，所以 B 行输出 5；C 行对象 t3 是 t2 的引用，所以 D 行调用的是对象 t2 的派生成员 show，访问派生成员 b，输出 5；E 行基类指针 p 指向派生类对象 t2 时，实际指向的是对象 t2 的派生成员，所以 F 行调用的是派生类中从基类继承来的 show 函数，输出派生成员 b，结果为 5。

例 7-4 的派生类 Derived 中有两个 show 函数，一个是从基类继承来的派生成员，函数体中访问派生成员 b；另一个是派生类中的新增成员，函数体中访问派生成员 b 和新增成员 d。

使用赋值兼容性时应注意以下几点。

（1）赋值兼容性是单向赋值，即只能是派生类数据向基类数据赋值，不能是基类数据向派生类数据赋值。

（2）赋值兼容性只有在公有派生时才成立，私有和保护派生时不能兼容赋值。

（3）基类指针指向派生类对象时，通常只能访问从基类继承来的派生成员，而不能访问派生类的新增成员，除非该新增成员是虚函数。

7.2 派生类的构造函数与析构函数

与基类的构造函数相似，派生类的构造函数也是对派生类中的数据成员初始化的。派生类中的数据成员包括从基类继承来的派生成员和派生类中新增加的成员，派生成员通常在派生类构造函数的头部通过调用基类构造函数完成，而新增成员通常在函数体中完成。

7.2.1 单继承时派生类的构造函数

在类体中，定义只有一个基类的派生类构造函数的一般格式如下。

```
派生类名(形参列表)：基类名(实参列表){
    新增成员初始化
}
```

其中派生类名即派生类构造函数的函数名，其后的参数是形参，包含函数类型和形参名；基类名即基类构造函数名，“基类名（实参列表）”是基类构造函数的调用形式，其参数是实参。类体中新增成员初始化的方法与基本类数据成员初始化的方法相同。

派生类的构造函数也可以在类中说明，在类外定义，其一般格式如下。

（1）类中说明

```
派生类名(形参列表);
```

（2）类外定义

```
派生类名::派生类名(形参列表)：基类名(实参列表){
    新增成员初始化
}
```

使用时注意，基类构造函数的调用语句只能在派生类构造函数的定义中列出，不能在说明语句中列出。

【例 7-5】 定义派生类，通过构造函数初始化数据成员，要求如下。

（1）定义基类 Base，包含数据成员 b1、b2。

（2）定义类 Base 的派生类 Derived，新增数据成员 d1、d2。

（3）派生类构造函数具有 4 个形参，分别用于初始化派生成员 b1、b2 和新增成员 d1、d2。

源程序代码

```
#include<iostream>
using namespace std;
class Base{
    int b1,b2;
public:
    Base(int x,int y) {   b1=x;   b2=y;  }
    void show(){   cout<<"b1="<<b1<<",b2="<<b2<<'\n';   }
};
class Derived:public Base{
    int d1,d2;
```

```
    public:
        Derived (int a,int b,int c,int d): Base(a,b) {   //A
            d1=c;  d2=d;                                 //B
        }
        void print(){
            cout<< "派生成员:";
            show();                                      //C
            cout<< "新增成员:";
            cout<<"d1="<<d1<<",d2="<<d2<<'\n';
        }
    };
    int  main(){
        Derived test(1,2,3,4);
        test.print();
        return 0;
    }
```

程序运行结果

```
派生成员：b1=1，b2=2
新增成员：d1=3，d2=4
```

在例 7-5 中，派生类头部 A 行通过"Base（a，b）"调用基类构造函数初始化 b1、b2，B 行在函数体中初始化 d1、d2。因为基类的数据成员是私有的，在派生类中不能直接访问，所以在 print 函数中，C 行通过调用派生的公有成员函数 show 间接访问。

派生类的构造函数通常必须包括基类构造函数的调用。当基类有默认的构造函数时，派生类构造函数的头部可省略基类构造函数的调用。即派生类构造函数头部没有基类构造函数调用时，并不是不调用基类的构造函数，而是调用基类默认的构造函数。此时，基类必须有默认的构造函数，否则编译时会报错。例如：

```
class A{
public:
    A(int x=0) {  cout<<x<<'\n'; }
};
class B{
public:
    B(int x) {  cout<<x<<'\n';  }
};
class C:public A{
public:
    C(int x)  {  cout<<x<<'\n';   }
};
class D:public B{
public:
    D(int x)  {  cout<<x<<'\n';   }      //错误
};
```

其中类 C 的定义是正确的，因为类 C 的基类 A 有默认的构造函数；而类 D 的定义是错误的，因为在类 D 的构造函数中，不能调用到其基类 B 的构造函数。

7.2.2 多继承时派生类的构造函数

1. 多基类派生类构造函数的定义

多基类继承时，派生类中包含从多个基类继承来的成员，以及派生类中的新增成员。此时，通常应在派生类构造函数的头部逐一列出各个基类构造函数的调用。派生类中新增成员的初始化通常也在派生类构造函数的函数体中完成。多基类继承时，类体中定义派生类构造函数的一般格式如下。

```
派生类名(形参列表): 基类名1(实参列表1), 基类名2(实参列表2), ..., 基类名n(实参列表n){
     新增成员初始化
}
```

多基类派生类的构造函数在类中说明、类外定义的格式如下。

（1）类中说明

```
派生类名(形参列表);
```

（2）类外定义

```
派生类名::派生类名(形参列表): 基类名1(实参列表1), 基类名2(实参列表2), ..., 基类名n(实参列表n){
     新增成员初始化
}
```

2. 多级派生构造函数的定义

多级继承时，若每级的派生类都只有一个基类，则各级派生类构造函数的定义都与单继承时构造函数的定义方法相同；若其中某级有多个基类，则该级派生类构造函数的定义采用多基类派生类构造函数定义的方法。

7.2.3 派生类的对象

与产生基类的对象必须调用构造函数相似，生成派生类对象时也必须调用派生类的构造函数。定义派生类对象时，通常先调用基类的构造函数初始化从基类继承来的数据成员，再执行派生类构造函数的函数体，初始化新增数据成员。

在派生类的构造函数中调用基类构造函数时，若派生类是多级派生类，则要向上逐级调用基类的构造函数；若派生类是多基类派生类，则要按照继承的顺序逐一调用各个基类的构造函数。

【例 7-6】 分析下列多基类继承和多级继承时，派生类对象的产生过程，写出程序运行结果。

源程序代码

```
#include<iostream>
using namespace std;
class A{
public:
     A(){  cout<<"调用类A构造函数\n"; }
};
class B{
public:
     B(){  cout<<"调用类B构造函数\n"; }
};
class C:public B,public A{               //A，多基类继承
public:
     C()                                 //B
     {  cout<<"调用类C构造函数\n"; }
};
class D:public C{                        //多级继承
```

```
public:
     D(){  cout<<"调用类 D 构造函数\n"; }
};
int main(){
     C t1;
     D t2;
     return 0;
}
```

程序运行结果

调用类 B 构造函数
调用类 A 构造函数
调用类 C 构造函数
调用类 B 构造函数
调用类 A 构造函数
调用类 C 构造函数
调用类 D 构造函数

在例 7-6 中，类 C 有两个基类，即类 A 和类 B，属于多基类继承。类 C 先继承类 B，后继承类 A，如程序 A 行所示。类 C 构造函数的头部虽未列出其基类构造函数的调用，但在产生类 C 对象时，仍然必须调用基类的构造函数，当然基类 A 和 B 都必须有默认的构造函数。多基类继承时，基类构造函数的调用顺序只与基类的继承顺序有关，先继承先调用，即使将程序的 B 行改为"C ( ): A ( ), B ( )"，构造函数的调用顺序和输出结果也不会发生变化。故程序产生类 C 的对象 t1 时，先调用类 B 的构造函数，再调用类 A 的构造函数，最后执行类 C 构造函数的函数体，输出结果为前 3 行。

因为类 D 的基类 C 本身是派生类，所以类 D 是多级继承。产生类 D 的对象 t2 时，先调用类 D 的基类 C 的构造函数，然后执行类 D 构造函数的函数体。在类 D 的构造函数中，调用类 C 构造函数的过程，和产生类 C 对象的过程相同。所以产生类 D 的对象 t2 时，输出运行结果的后 4 行。

7.2.4　派生类的析构函数

与基类的析构函数相似，派生类的析构函数用于释放派生类的对象，而且派生类的析构函数既要释放派生类新增成员的空间，也要释放派生成员的空间。释放派生成员空间，是调用其基类的析构函数完成的。释放派生类的对象时，先执行派生类析构函数的函数体，释放新增成员；然后，调用其基类的析构函数，释放派生成员。由此可见，释放派生类的对象时，析构函数的调用顺序与建立派生类对象时构造函数的调用顺序相反。

在例 7-6 的主函数中，先建立类 C 的对象 t1，构造函数的调用顺序是类 B→类 A→类 C；后建立类 D 的对象 t2，构造函数的调用顺序是类 B→类 A→类 C→类 D。在主函数中，对象作用域结束时，先释放类 D 的对象 t2，析构函数的调用顺序为类 D→类 C→类 A→类 B；再释放类 C 的对象 t1，调用析构函数的顺序为类 C→类 A→类 B。

7.3　冲突及解决方法

在同一个类作用域内，不允许出现名称相同的成员，但在派生类中，来自不同基类的派生成员的名称可以相同，因为它们的作用域不同。

7.3.1 冲突

1. 冲突的概念

在派生类中，同时存在来自不同类的名称相同的成员的现象称为冲突。冲突主要有两种情况，一是来自不同基类的名称相同的派生成员同时出现在派生类中，如图 7-4（a）所示；二是从基类继承的派生成员与派生类中的新增成员同名，如图 7-4（b）所示。

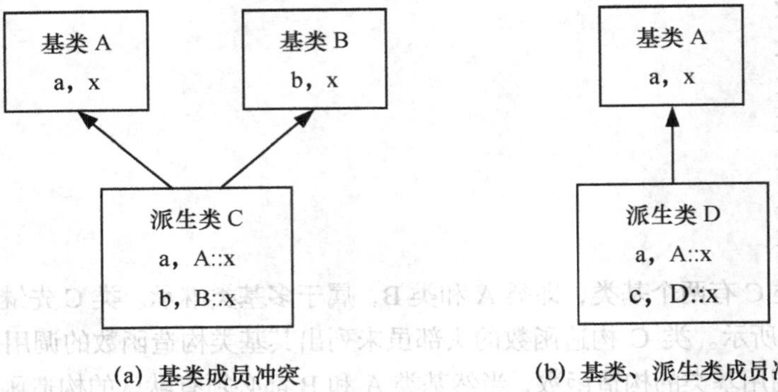

图 7-4 继承中的冲突

图 7-4（a）中，类 A 有成员 a 和 x，类 B 有成员 b 和 x，由类 A 和类 B 共同派生出类 C 时，类 C 中便有两个成员 x。图 7-4（b）中，由类 A 派生出类 D 时，类 D 中新增成员 c 和 x，则类 D 中同样有两个成员 x。图 7-4（a）和 7-4（b）所示的现象都属于冲突。

2. 冲突解决方法

解决冲突的方法是用“类名::”来区分不同作用域（类）的同名成员。在图 7-4 中，用 A::x 表示从类 A 继承的派生成员 x，用 B:: x 表示从类 B 继承的派生成员 x，用 D:: x 表示类 D 中的新增成员。

7.3.2 支配规则

若派生类中新增的成员与从基类继承的派生成员同名，同时没有使用类名和作用域运算符进行限定，则使用的是派生类中新增的同名成员，这种优先关系称为支配规则。在图 7-4（b）中，类 D 中新增成员 x，既可以表示为 D: :x，也可以直接表示为 x。在图 7-4（a）中，类 C 中不能直接使用 x，因为此时无法确定该 x 是从类 A 继承的，还是从类 B 继承的。

基类继承的派生成员之间，基类继承的派生成员和派生类新增成员之间，没有出现同名冲突时，既可以用类名和作用域运算符使用各个成员，也可以直接使用成员，但为简便起见，习惯于直接使用成员。图 7-4 中的成员 a、b、c，虽然可以分别表示为 A::a、B::b、C::c，但通常都直接表示为 a、b、c。

【例 7-7】 根据冲突情况与支配规则，分析下列程序的运行结果。

源程序代码

```
#include<iostream>
using namespace std;
class A{
```

```
protected:
     int a,x;
public:
     A(){  a=1; x=2; }
};
class B{
protected:
     int b,x;
public:
     B(){  b=3; x=4; }
};
class C:public A,public B{
     int c,x;
public:
     C(){  c=5; x=6; }
     void show(){
          cout<<"A::a="<<A::a<<"\tB::b="<<b<<"\tC::c="<<c<<'\n';          //A
          cout<<"A::x="<<A::x<<"\tB::x="<<B::x<<"\tC::x="<<x<<'\n';       //B
     }
};
int  main(){
     C test;
     test.show();
     return 0;
}
```

程序运行结果

```
A:: a=1     B:: b=3     C:: c=5
A:: x=2     B:: x=4     C:: x=6
```

在例 7-7 中，类 C 中包含的数据成员有类 A 的 a 和 x、类 B 的 b 和 x，以及类 C 的 c 和 x，共 6 个数据成员。在没有发生冲突时，可直接使用派生成员和新增成员，如 A 行的 b 和 c 所示。从基类继承的派生成员之间的冲突，必须在冲突成员前用基类名和作用域运算符指出其所属的类。从基类继承的派生成员与派生类中的新增成员重名时，默认使用派生类中的新增成员，即 x 等同于 C:: x，如 B 行所示。

7.3.3 虚基类

同一个基类经过多级继承后会出现用“类名::”无法解决的冲突，如图 7-5 所示。

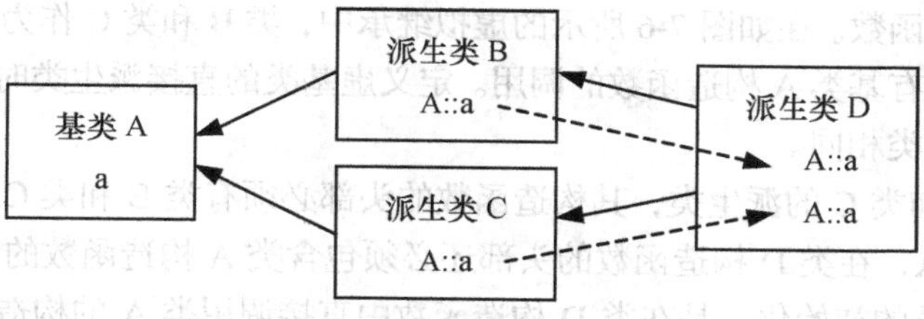

图 7-5 无法解决的冲突

在图 7-5 中，由类 A 分别派生出类 B 和类 C，再由类 B 和类 C 共同派生出类 D，类 D 中就有两个派生成员 a。虽然这两个成员是分别从类 B 和类 C 两条路径继承到类 D 的，但它们既不是类 B 的成员，也不是类 C 的成员，即不能写成 B:: a 或 C:: a，其表示方法只能是 A:: a。此时，用类名和作用域运算符无法解决该冲突。C++语言采用虚拟继承的方法，解决从不同途径继承的成员出现重复拷贝的问题。

1. 虚基类概念与定义

虚拟继承时，将共同基类设置为虚基类。从不同的路径继承过来的虚基类的数据成员在类中只有一个拷贝，成员函数也只有一个映射。这不仅解决了二义性问题，还节省了内存，避免了数据的不一致。

如图 7-6 所示，若将类 A 说明为虚基类，类 A 的派生类 B 和类 C 中各有一个从类 A 继承的派生成员 a，但该成员不会通过类 B 和类 C 继承到间接派生类 D 中。此时，类 A 中的成员将由类 A 直接继承到类 D 中。

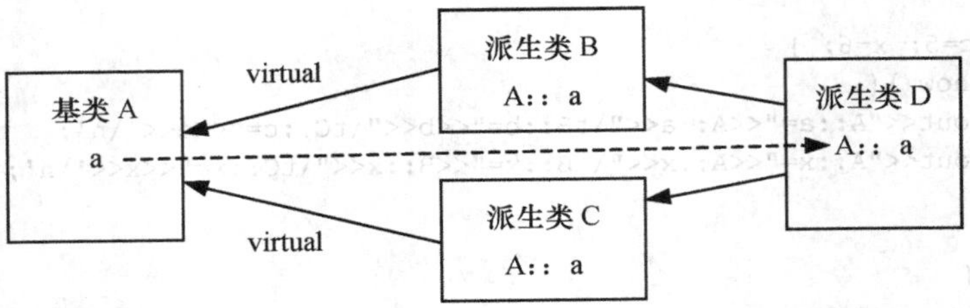

图 7-6　虚基类

在图 7-6 所示的继承关系中，类 B、类 C 和类 D 都是类 A 的派生类，我们将类 B 和类 C 称为虚基类 A 的直接派生类，而将类 D 称为虚基类 A 的间接派生类。

说明虚基类的方法是，定义派生类时，在基类名称的前面加上关键字 virtual。关键字 virtual 可以放在派生方式的前面，也可以放在派生方式的后面，定义的一般格式如下。

```
class 派生类名: virtual 派生方式 基类名{
    新增成员列表
}
```

或

```
class 派生类名: 派生方式 virtual 基类名{
    新增成员列表
}
```

2. 虚拟继承的构造函数

从虚基类直接或间接继承的派生类构造函数的头部，必须列出虚基类构造函数的调用，除非虚基类有默认的构造函数。在如图 7-6 所示的虚拟继承中，类 B 和类 C 作为类 A 的派生类，其构造函数的头部都必须有基类 A 构造函数的调用。定义虚基类的直接派生类时，派生类构造函数的定义和调用与普通基类相同。

类 D 作为类 B 和类 C 的派生类，其构造函数的头部必须有类 B 和类 C 构造函数的调用。同时，类 D 有虚基类 A，在类 D 构造函数的头部还必须包含类 A 构造函数的调用。类 D 对象中，虚基类 A 的派生成员的初始化，是在类 D 构造函数中直接调用类 A 的构造函数完成的，以保证只进行一次虚基类成员的初始化。调用类 D 的构造函数建立类 D 的对象时，只执行类 B 和类 C 构造函数的函数体，完成对类 B 和类 C 新增成员的初始化，而不再调用类 A 的构造函数。虚基类构造函数的调用顺序先于基类构造函数的调用；在调用基类构造函数的过程中，不再调用虚基类的构造函数。

【例 7-8】 分析虚基类的定义及其派生类对象的产生，写出程序的运行结果。

源程序代码

```
#include<iostream>
using namespace std;
class A{
protected:
    int a;
public:
    A(int x){  a=x; cout<<"调用类 A 构造函数\n";}
};
class B:public virtual A{                        //定义类 A 为虚基类
protected:
    int b;
public:
    B(int y,int z):A(z) {
       b=y; cout<<"调用类 B 构造函数\n";
    }
    void print() { cout<<a<<'\t'<<b<<endl; }
};
class C:virtual public A{                        //定义类 A 为虚基类
protected:
    int c;
public:
    C(int x,int y):A(y) {
       c=x; cout<<"调用类 C 构造函数\n";
    }
};
class D:public C,public B{
    int d;
public:
    D(int m,int n,int k):B(m+10,n+10),C(m+20,n+20),A(m+n+k) {        //A
       d=m; cout<<"调用类 D 构造函数\n";
    }
    void show() {
       cout<<a<<'\t'<<b<<'\t'<<c<<'\t'<<d<<'\n';
    }
};
int  main(){
    B t1(1,2);
    t1.print();
    D t2(1,2,3);
    t2.show();
    return 0;
}
```

程序运行结果

```
调用类 A 构造函数
调用类 B 构造函数
2       1
调用类 A 构造函数
调用类 C 构造函数
调用类 B 构造函数
```

```
调用类D构造函数
6       11      21      1
```

虚基类的间接派生类的构造函数头部必须列出其基类和虚基类构造函数的调用，如例 7-8 中的 A 行所示。产生直接派生类的对象 t1 时，先调用其虚基类 A 的构造函数，用参数 z 初始化派生成员 a，并输出第 1 行；再执行派生类 B 的构造函数体，用 y 初始化新增成员 b，并输出第 2 行。

在建立虚基类的间接派生类 D 的对象 t2 时，首先调用类 D 的虚基类 A 的构造函数，用 m+n+k 初始化派生成员 a，并输出第 4 行。其次根据继承顺序先后调用类 D 的基类 C 和 B 的构造函数；调用类 C 的构造函数时，只执行类 C 构造函数的函数体，而不再调用类 C 的基类 A 的构造函数，此时，用 m+20 初始化类 C 的新增成员 c，并输出第 5 行；类似地，调用类 B 的构造函数时，用 m+10 初始化类 B 的新增成员 b，并输出第 6 行。最后执行派生类 D 构造函数的函数体，用 m 初始化类 D 的新增成员 d，输出第 7 行。

从例 7-8 运行时的输出结果可以看出，建立虚基类的直接派生类对象时，在调用派生类构造函数的过程中，要先调用虚基类的构造函数；而产生虚基类的间接派生类对象时，虚基类的构造函数是在间接派生类的构造函数中直接调用的，而没有通过间接派生类的基类调用。

7.4 虚函数与多态性

7.4.1 多态性的基本概念

多态是指一个类实例的相同函数在不同情形下有不同的表现形式，不同对象接收到相同指令时，可以产生不同的行为。例如，在例 7-9 的基类 A 中定义了一个 f 函数，类 A 的派生类 B 中又定义了一个 f 函数，这两个 f 函数的函数类型、函数名、函数的参数都相同，即函数头相同的函数，就是相同函数。类 A 中定义的 f 函数输出字符串“classA::f()”，类 B 中定义的 f 函数输出字符串“classB::f()”，这就是所谓的不同表现形式。A 行和 B 行分别以类 A 的对象 t1 和类 B 的对象 t2 调用 f 函数时，实现了不同的输出，这就是所谓的不同行为。

在 C++语言中，调用函数就是执行与函数名相应的某段存储空间的代码，函数名与存储空间首地址的匹配过程称为地址绑定。

若存储空间的入口地址与函数名是在编译时绑定的，称为编译期绑定或静态绑定，此时的多态性称为编译多态性或静态多态性。动态多态性是将函数名动态绑定到内存入口地址，即函数名与入口地址在程序编译时无法绑定，而要等运行时根据具体的对象才确定绑定到哪个入口地址，即运行期绑定或动态绑定。

1. 编译多态性

编译多态性也称静态多态性，如函数重载、运算符重载等。调用重载函数，在编译期间就确定了函数的调用地址，并生产代码，属于静态多态性。

【例 7-9】 静态多态性示例。

源程序代码

```
#include<iostream>
using namespace std;
class A{
public:
```

```
    void f(){ cout<<"classA::f()\n"; }
};
class B:public A{
public:
    void f(){ cout<<"classB::f()\n"; }
};
int main(){
    A t1,*p;
    B t2;
    t1.f();                    //A
    t2.f();                    //B
    p=&t1;    p->f();          //C
    p=&t2;    p->f();          //D
    return 0;
}
```

程序运行结果

```
classA:: f()
classB:: f()
classA:: f()
classA:: f()
```

在例 7-9 中，派生类 B 的对象 t2 有两个 f 函数，一个是从基类 A 继承的派生成员，另一个是派生类 B 中的新增成员。执行 B 行时，根据支配规则，调用的是派生类 B 中的新增成员。即“t2.f ( )”等同于“t2.B::f ( )”，若调用基类 A 继承的派生成员，应写为“t2.A:: f ( )”。A 行和 B 行虽然实现了多态性，但属于静态多态性。因为 A 行和 B 行 f 函数的调用语句不同，所以编译后的代码不同，即在编译阶段已经绑定了所调用函数的入口地址。

如 C 行和 D 行所示，指针 p 虽然分别指向了基类 A 的对象 t1 和派生类 B 的对象 t2，但当用指针 p 分别调用 f 函数时，并不能实现多态性。因为函数 f 作为普通的成员函数，用基类指针调用时，在编译阶段被绑定到基类成员上，所以 D 行调用的是从基类 A 继承的派生成员函数 f。若要体现多态性，就必须将 f 函数说明为虚函数。

2. 运行多态性

运行多态性又称动态多态性，是面向对象程序设计的核心概念之一。C++语言的动态多态性是通过虚函数来实现的，虚函数允许在派生类中被重写，即重新定义函数体，也称为函数覆盖。

在编译阶段，编译程序不绑定虚函数的地址，而是在程序运行时，根据具体的对象绑定所调用函数的入口地址，从而实现运行的多态性。

7.4.2 虚函数实现动态多态性

1. 虚函数的定义

虚函数是在类中被声明为 virtual 的非静态成员函数。类体中定义虚函数的一般格式如下。

```
virtual 函数类型 函数名(形参列表){
    函数体
}
```

虚函数也可以在类中说明，在类外定义，类中说明的格式如下。

```
virtual 函数类型 函数名称(形参列表);
```

类外定义的一般格式如下。

```
函数类型 类名::函数名(形参列表){
      函数体
}
```

在类中定义或说明虚函数时，必须在函数类型或函数名的前面加关键字 virtual，而类外定义时不能再次用 virtual 说明。

虚函数具有遗传性，即基类中的虚函数继承到派生类中仍然是虚函数。因为虚函数具有不确定性，所以不能将构造函数定义为虚函数，但可以将析构函数定义为虚函数。构造函数是用来初始化对象的，建立对象时，必须明确调用了哪个构造函数。虚析构函数可以保证正确释放动态派生类对象。

2. 动态多态性的实现

虚函数是实现动态多态性的基础和必要条件，但仅有虚函数还不能实现动态多态性。实现动态多态性必须同时满足下列条件。

（1）要有具有继承关系的类，并在基类中将动态绑定的行为定义为虚函数。

（2）在派生类中必须重写虚函数，即重新定义虚函数的函数体，且该虚函数必须与基类中对应的虚函数具有相同的函数类型、函数名称和参数列表。

（3）必须通过基类的指针或基类对象的引用调用虚函数才能实现动态多态性。

如果不满足以上全部条件，虚函数将丢失虚特性，在调用时进行静态绑定。

动态多态性要求对象可以共享相同的外部接口，使不同对象的不同操作通过一个公共的类，以相同的方式调用。通常是通过基类的指针或引用来实现。调用虚函数实现动态多态性的一般格式如下。

```
基类指针变量名->虚函数名(实参表)
```

或

```
基类对象引用名.虚函数名(实参表)
```

【例 7-10】 通过基类指针和引用，用虚函数实现动态多态性示例。

源程序代码

```
#include <iostream>
using namespace std;
class Base{
public:
    virtual void f(){ cout<<"调用类Base中的f函数\n"; }          //定义虚函数
};
class Derived:public Base{
public:
    void f(){ cout<<"调用类Derived中的f函数\n"; }              //重写虚函数
};
void fa(Base *p){ p->f();}                 //基类指针实现动态多态性
void fb(Base &t){ t.f();}                  //基类对象的引用实现动态多态性
int main( ){
    Base t1;
    Derived t2;
    fa(&t1);                               //A
    fa(&t2);                               //B
    fb(t1);                                //C
```

```
    fb(t2);                        //D
    return 0;
}
```

程序运行结果

```
调用类 Base 中的 f 函数
调用类 Derived 中的 f 函数
调用类 Base 中的 f 函数
调用类 Derived 中的 f 函数
```

在例 7-10 中，类 Base 的对象 t1 有一个 f 函数；类 Derived 的对象 t2 有两个 f 函数，一个是从基类 Base 中继承的 Base:: f，另一个是派生类 Derived 中新增的 Derived:: f。

在例 7-10 中，外部函数 fa 的参数为基类的指针，以基类指针实现动态多态性。A 行调用 fa 函数时，指针 p 指向基类对象 t1，f 函数绑定 Base:: f 的入口地址，调用 Base:: f 函数，输出第一行。B 行调用 fa 函数时，指针 p 指向派生类对象 t2，f 函数绑定 Derived:: f 的入口地址，调用 Derived:: f 函数，输出第二行。A 行和 B 行，根据基类指针 p 指向的不同对象，调用不同的函数，产生不同的行为，实现动态多态性。

在例 7-10 中，外部函数 fb 的参数为基类对象的引用，以基类对象的引用实现动态多态性，原理与以基类指针实现动态多态性相似。C 行调用 fb 函数时，参数 t 是基类对象 t1 的引用，调用 Base:: f 函数，输出第三行。D 行调用 fb 函数时，参数 t 是派生类对象 t2 的引用，调用 Derived:: f 函数，输出最后一行。

当基类指针指向派生类对象，或基类对象引用派生类对象时，如果调用的函数是虚函数，则进行动态绑定，调用派生类中新增的函数，如例 7-10 所示；如果调用的函数是非虚函数，则进行静态绑定，调用从基类继承的函数，如例 7-9 所示。

7.4.3 纯虚函数与抽象类

1. 纯虚函数

纯虚函数是 C++语言提供的一个可以被派生类改写的接口，但其本身不能被调用。因为它只是在基类中声明的虚函数，并没有定义，即无函数体。定义纯虚函数的方法是在虚函数的原型说明后加“=0”，其一般格式如下。

```
virtual  函数类型  函数名(形参列表)=0;
```

或

```
函数类型 virtual  函数名(形参列表)=0;
```

2. 抽象类

因为纯虚函数没有被定义，故含纯虚函数的类是一个不完整的类，不能用这样的类创建对象。含纯虚函数的类称为抽象类。抽象类只能作为派生类的基类，不能定义抽象类的对象，但可以定义抽象类的指针和对象引用，并指向或引用派生类的对象。

在程序设计的过程中，基类有时是不需要产生对象的。例如，图形作为基类可以派生出圆、矩形等具体的类型，从而绘制出各种圆、矩形对象，但图形本身产生对象是不合逻辑的。此时，可以将图形定义为抽象类。由此可见，抽象类虽然不能产生对象，但可以作为基类派生出能产生对象的类。

3. 纯虚函数实现动态多态性

抽象类的唯一用途是为派生类提供基类，纯虚函数的作用是作为派生类中的成员函数的公共接口，实现动态多态性。在派生类中，只要重写从抽象类继承的所有纯虚函数，即定义它们的函数体，抽象类中的纯虚函数便成为派生类中的普通虚函数，派生类就可以产生对象。重写后的虚函数同样可以实现动态多态性。

【例 7-11】 设计程序，通过纯虚函数实现动态多态性，要求如下。

（1）定义求图形面积的抽象类 Graph，求面积的函数 area 为纯虚函数。

（2）由图形类 Graph 派生出圆类 Circle，新增数据成员 r 作为圆的半径，并重写求面积的函数 area。

（3）由圆类 Circle 派生出矩形类 Rectangle，派生成员 r 和新增数据成员 h 作为矩形的边长，并重写求面积的函数 area。

（4）通过抽象类的指针实现动态多态性。

源程序代码

```
#include <iostream>
using namespace std;
class Graph{                               //定义图形类
public:
     virtual void area()=0;                //纯虚函数
};
class Circle:public Graph{                 //定义圆类
protected:
     double r;
public:
     Circle (double x) { r=x; }
     void area(){
          cout<<"半径为"<<r;
          cout<<"的圆面积为"<<3.14*r*r<<endl;
     }
};
class Rectangle:public Circle{             //定义矩形类
     double h;
public:
     Rectangle(double x,double y): Circle (x)
     {          h=y;        }
     void area(){
          cout<<"边长为"<<r<<"和"<<h;
          cout<<"的矩形面积为"<<r*h<<endl;
     }
};
int main(){
     Graph *p;
     Circle c(10);
     p=&c; p->area();
     Rectangle r(4,5);
     p=&r; p->area();
     return 0;
}
```

程序运行结果

半径为 10 的圆面积为 314
边长为 4 和 5 的矩形面积为 20

在例 7-11 中，虽然类 Graph 只是一个不能产生对象的抽象类，但其定义不能省略，因为运行的多态性必须依靠基类的指针或基类对象引用才能实现。同样不能省略类 Graph 中纯虚函数 area 的说明，因为指针 p 作为类 Graph 的指针，形式上必须指向类 Graph 中的成员。即基类指针指向派生类对象时，虽然调用的是派生类中新增加的虚函数，但基类中必须有相同原型的虚函数。

7.5 程序举例

【例 7-12】分析含对象成员的派生类构造函数和析构函数的调用过程，并写出程序运行结果。

源程序代码

```
#include<iostream>
using namespace std;
class A{
protected:
    int a;
public:
    A(int x){ a=x; cout<<"调用类 A 构造函数\n"; }
    void show(){ cout<<a<<'\n'; }
    ~A(){ cout<<"释放成员 a\n";}
};
class B{
protected:
    int b;
public:
    B(int x){ b=x; cout<<"调用类 B 构造函数\n"; }
    ~B(){ cout<<"释放成员 b\n";}
};
class C:public B{                          //定义子类
    int c;
    A obj;                                 //对象成员，类 A 的对象
public:
    C(int x,int y,int z):obj(y),B(z){     //A
        c=x; cout<<"调用类 C 构造函数\n";
    }
    void print(){
        cout<<"对象成员:"; obj.show();
        cout<<"派生成员:"<<b<<'\n';
        cout<<"普通成员:"<<c<<'\n';
    }
    ~C(){ cout<<"释放成员 c\n";}
};
int main(){
    C test(10,20,30);
```

```
        test.print();
        return 0;
}
```

程序运行结果

```
调用类B构造函数
调用类A构造函数
调用类C构造函数
对象成员：20          //B
派生成员：30          //C
普通成员：10          //D
释放成员c
释放成员a
释放成员b
```

在含对象成员的类中必须初始化对象成员，通过对象名调用构造函数实现。如例 7-12 的 A 行所示，在类 C 构造函数头部，以对象成员名 obj 调用类 A 的构造函数，初始化对象成员 obj。

含对象成员的派生类，其数据成员通常包括从基类继承的派生成员、新增的对象成员和新增的普通成员，其初始化的顺序，即构造函数的调用顺序一般为：基类构造函数→对象成员所属类构造函数→自身函数体。例如，在例 7-12 中在产生类 C 的对象 test 时，先调用其基类 B 的构造函数，将派生成员 b 赋值为 30，输出程序运行结果的第 1 行；然后调用对象成员 obj 所属类 A 的构造函数，将对象成员 obj.a 赋值为 20，输出程序运行结果的第 2 行；最后执行类 C 构造函数的函数体，将新增普通成员 c 赋值为 10，输出程序运行结果的第 3 行。

例 7-12 中的对象 test 调用 print 函数时，依次输出对象成员、派生成员和普通成员的值，即输出程序运行结果的 B、C、D 行。需要注意的是，类 C 不是类 A 的派生类，在类 C 中不能直接引用类 A 的保护成员，即在 print 函数中使用 obj.a 是语法错误，必须通过公有的成员函数 show 间接访问。

含对象成员的派生类，析构函数的调用顺序通常与构造函数相反。例如，例 7-12 构造函数的调用执行顺序是类 B→类 A→类 C，则析构函数的调用顺序为类 C→类 A→类 B。当对象 test 结束生命期时，依次调用上述析构函数，输出程序运行结果的最后 3 行。

【例 7-13】 分析下列程序，写出运行结果。

源程序代码

```
#include<iostream>
using namespace std;
class Base{
public:
     Base(char *s="string") { cout<<s<<endl;   }
};
class A:virtual public Base{                    //A，虚基类
public:
     A(char *s1,char *s2):Base(s1)              //B
     {   cout<<s2<<endl; }
};
class B:public virtual Base{                    //C，虚基类
public:
     B(char *s1,char *s2):Base(s1)              //D
```

```
    {  cout<<s2<<endl; }
};
class AB:public A,public B{                    //多基类继承
public:
    AB(char *s1,char *s2,char *s3,char *s4):B(s1,s2),A(s3,s4)  //E
    {   cout<<s2<<endl; }
};
int main()
{
    AB test("stringA","stringB","stringC","stringD");
    return 0;
}
```

程序运行结果

```
string
stringD
stringB
stringB
```

在例 7-13 中建立类 AB 的对象 test 时，构造函数调用执行顺序是类 Base→类 A→类 B→类 AB。

由于例 7-13 中类 Base 有默认的构造函数，故在类 AB 构造函数的头部没有列出虚基类 Base 构造函数的调用，即调用类 Base 的默认构造函数，输出程序运行结果的第 1 行。执行类 A 和类 B 构造函数的函数体时，输出程序运行结果的第 2 行和第 3 行，最后执行类 A B 构造函数的函数体时，输出程序运行结果的最后一行。

若删除 A 行和 C 行的虚基类关键字 virtual，则类 Base 不再是虚基类。在执行类 A 和类 B 构造函数的函数体之前，要分别调用类 Base 的构造函数；而在类 AB 的构造函数中不再调用类 Base 的构造函数。此时，完整的构造函数调用执行顺序是类 Base→类 A→类 Base→类 B→类 AB，程序的运行结果如下。

```
stringC
stringD
stringA
stringB
stringB
```

当类 Base 不是虚基类时，根据 E 行和 B 行构造函数的参数列表，在类 A 中调用类 Base 构造函数的参数是“stringC”；根据 E 行和 D 行构造函数的参数列表，在类 B 中调用类 Base 构造函数的参数是“stringA”。

【例 7-14】 根据赋值兼容性与支配规则写出下列程序的运行结果。

源程序代码

```
#include<iostream>
using namespace std;
class MyclassA{
public:
    int val;
    MyclassA(int x) {   val=x;   }
};
class MyclassB:public MyclassA{
public:
    int val;
    MyclassB(int x):MyclassA(2*x) {
```

```
            val=x;
        }
    };
    class MyclassC:public MyclassB{
    public:
        int val;
        MyclassC(int x):MyclassB(2*x) {
            val=x;
        }
    };
    int  main(){
        MyclassC test(3),*pc=&test;
        MyclassB *pb=&test;
        MyclassA *pa=&test;
        cout<<pa->val<<'\n';            //A
        cout<<pb->val<<'\n';            //B
        cout<<pc->val<<'\n';            //C
        return 0;
    }
```

程序运行结果

```
12
6
3
```

在例 7-14 中，类 MyclassC 的对象 test 有 3 个数据成员，分别是 MyclassA:: val、MyclassB:: val 和 MyclassC:: val，根据构造函数，其值分别为 12、6 和 3。根据赋值兼容性，基类 MyclassA 的指针 pa 和基类 MyclassB 的指针 pb 可以指向派生类 MyclassC 的对象 test。但指针 pa 只能访问 MyclassA:: val，指针 pb 可以访问 MyclassA:: val 和 MyclassB:: val，类 MyclassC 的指针 pc 可以访问 MyclassA::val、MyclassB::val 和 MyclassC::val。通过指针 pb 默认访问的是 MyclassB:: val，如 B 行所示；通过指针 pc 默认访问的是 MyclassC:: val，如 C 行所示。这是支配规则的另一种表现形式，即当基类的指针指向派生类的对象时，默认访问的是从该基类继承到派生类中的派生成员，派生类指针默认访问的是派生类的新增成员。若访问其他成员，就必须用作用域运算符指明成员所属的类。

【例 7-15】 根据虚函数与动态多态性，写出下列程序的运行结果。

源程序代码

```
#include<iostream>
using namespace std;
class Base{
public:
    virtual void fa(float x) { cout<<"Base::fa\t"<<x<<endl; }
    virtual void fb(float x) { cout<<"Base::fb\t"<<x<<endl; }
    void virtual fc(float x) { cout<<"Base::fc\t"<<x<<endl; }
    void fd(float x) { cout<<"Base::fd\t"<<x<<endl; }
};
class Derived : public Base{
public:
    void fa(float x) { cout<<"Derived::fa\t"<<x<<endl;     }
    void fb(int x) { cout<<"Derived::fb\t"<<x<<endl; }
    void fd(float x) { cout<<"Derived::fd\t"<<x<<endl; }
};
```

```
int main(void){
        Derived d,*pd=&d;
        Base *pb=&d;
        pd->fa(1.23f);  pd->fb(1.23f);  pd->fc(1.23f);  pd->fd(1.23f);  //A
        pb->fa(1.23f); pb->fb(1.23f); pb->fc(1.23f); pb->fd(1.23f);     //B
        return 0;
}
```

程序运行结果

```
Derived:: fa      1.23
Derived:: fb      1
Base:: fc         1.23
Derived:: fd      1.23
Derived:: fa      1.23
Base:: fb         1.23
Base:: fc         1.23
Base:: fd         1.23
```

在例 7-15 中，类 Derived 的对象 d 有 4 个派生成员和 3 个新增成员，分别是 Base:: fa 和 Derived:: fa、Base:: fb 和 Derived:: fb、Base:: fc、Base:: fd 和 Derived:: fd。

A 行以派生类的指针调用对象 d 的成员时，根据支配规则，调用的是派生类中的新增成员。当派生类中没有该新增成员时，如类 Derived 中没有定义 fc 函数，则调用从基类继承的派生成员。调用 fb 函数时，程序运行结果是输出 1 而不是 1.23，这是因为 Derived:: fb 的参数类型为整型，即 Derived:: fb 中的 x 是整数。

B 行以基类指针调用对象 d 的函数成员时，根据动态绑定原理，若调用的是虚函数，则调用派生类中重写的虚函数，如函数 fa 所示。此时，基类的虚函数和派生类的虚函数必须具有相同的函数原型，即函数类型、函数名和函数的参数列表相同，仅函数体不同；否则调用从基类继承的虚函数，如函数 fb 所示。若虚函数没有重写，则调用从基类继承的虚函数，如函数 fc 所示。若调用的函数不是虚函数，则根据支配规则，调用从基类继承的普通函数，如函数 fd 所示。

7.6 习 题

1. 教师月工资的计算公式为：基本工资+课时补贴。教授的基本工资为 5 000 元，补贴为 50 元/课时；讲师的基本工资为 3 000 元，补贴为 20 元/课时。设计一个程序求教授和讲师的月工资。具体要求如下。

（1）定义教师类 Teacher 作为基类，数据成员包含姓名、月工资和月授课时数，以及构造函数（初始化姓名和月授课时数）、输出数据成员的函数。

（2）定义类 Teacher 的公有派生类 Professor 表示教授，公有派生类 Lecturer 表示讲师，并分别计算其月工资。

（3）在主函数中对定义的类进行测试。

2. 设计一个程序求两点间的距离，具体要求如下。

（1）定义表示平面直角坐标中点的类 Point 作为基类，包含数据成员横坐标和纵坐标，初始化坐标的构造函数，以坐标形式输出一个点的输出函数。

（2）定义类 Point 的公有派生类 Distance，新增 Point 类的对象 p，与从 Point 继承的数据成员构成两个点，以及表示两点间距离的数据成员；求两点间距离的成员函数，输出两个点的函数。

（3）在主函数中对定义的类进行测试。

3. 设计一个程序求正方形和长方形的周长，具体要求如下。

（1）定义正方形类 Square 作为基类，包含数据成员边长和周长，以及构造函数、求正方形周长的虚函数、输出函数。

（2）定义类 Square 的公有派生类 Rectangular，新增边长，与派生成员共同作为长方形边长，以及求长方形周长和输出数据成员的函数。

（3）在主函数中对定义的类进行测试，用基类的指针实现动态多态性。

4. 设计一个程序输出汽车信息，具体要求如下。

（1）定义汽车类 Auto 作为抽象类，包含车牌号、车轮数等数据成员，以及构造函数、输出车辆信息的纯虚函数。

（2）定义类 Auto 的公有派生类 Car 表示小客车，新增核载人数，重新定义输出函数。

（3）定义类 Auto 的公有派生类 Truck 表示货车，新增核载吨位，重新定义输出函数。

（4）定义用基类对象引用实现动态多态性的外部函数 fun。

（5）在主函数中调用 fun 函数，完成测试。

第8章 友元函数与运算符重载

为了提高代码的安全性，在程序设计时通常将一些关键成员设为私有访问特性，即只允许类的成员函数直接访问，而类的外部函数是无法直接访问的。如果将成员的访问特性都设为公有的，又不利于类的封装。为了解决这个矛盾，C++语言中引入了友元的概念。

对运算符运算规则的重新定义，称为运算符重载。运算符重载实质是定义运算符重载函数，通过对象成员的运算实现对象的运算。为了便于操作所有访问权限的成员，该函数通常是类的成员函数或者友元函数。

8.1 友元函数与友元类

采用类的机制后可以实现数据的封装和隐藏，为了方便类的外部函数访问类的成员数据，可以将这些函数定义为该类的友元函数。除了友元函数外，还有友元类，两者统称为友元。

8.1.1 友元函数

友元函数不是类的成员函数，它不属于该类，但是可以直接访问类的成员，包括私有成员。友元函数可以在类中直接定义，定义的一般格式如下。

```
friend  函数类型  函数名(形参列表){
    函数体
}
```

还可以在类体内进行原型说明，在类外定义。在类外定义函数时，函数类型前不能有关键字friend，同时函数名前也不能加类名和作用域运算符。

友元函数在类中说明的一般格式如下。

```
friend  函数类型  函数名(形参列表);
```

友元函数在类外定义的一般格式为：

```
函数类型  函数名(形参列表){
    函数体
}
```

【例 8-1】 设计程序，通过成员函数，友元函数和普通外部函数分别求圆柱体的体积。

源程序代码

```
#include<iostream>
using namespace std;
const double PI=3.1415 ;
class A{
    float r,h;
    friend float v1(A &);                    //友元函数 v1 的原型说明
public:
    A(float a,float b){r=a;h=b;}
    float v2( ){ return PI*r*r*h;}
    float getr(){return r;}
    float geth(){return h;}
    friend void show(A *p)                   //友元函数 show 在类中定义
    {cout<<PI*(p->r)*(p->r)*(p->h);}
};
float v1(A &a) {                             //友元函数 v1 在类外定义
    return PI*a.r*a.r*a.h;                   //直接访问私有成员
}
float v3(A b) {                              //普通函数定义
    return PI*b.getr()*b.getr()*b.geth();//通过公有成员函数间接访问私有成员
}
int  main(){
    A a1(25,40);
    cout<<v1(a1)<<"\n";                      //友元函数的调用
    cout <<a1.v2( )<<"\n";                   //成员函数的调用
    cout<<v3(a1)<<"\n";                      //普通函数的调用
    show(&a1);                               //友元函数的调用
    return 0;
}
```

程序运行结果

```
78540.0
78540.0
78540.0
78540.0
```

在例 8-1 中，分别用友元函数 v1 和 show、成员函数 v2 和普通函数 v3 求圆柱体的体积。由于友元函数不是类的成员函数，因此至少有一个形参应该定义成对象或指向对象的指针，这样就可以直接访问类的成员。例如，v1 函数的形参是类 A 对象的引用 a，在函数体内可以通过成员运算符来访问 a 的私有成员 r 和 h。友元函数 show 通过指向 a1 的指针变量访问类的私有成员，输出圆柱体的体积。

使用友元函数需要注意以下几点。

（1）由于友元函数不是类的成员，故类的访问控制权限对友元函数不起作用，即友元函数的声明可以出现在类中的任何地方。

（2）由于友元函数是外部函数，没有 this 指针，友元函数中访问类的成员时，必须指明成员所属的对象。所以友元函数的形参通常是类的对象、对象的引用或指针。

（3）友元函数不能通过对象调用。

（4）使用友元函数可提高程序的运行效率，但破坏了类的封装性，应谨慎使用。

（5）友元关系不具有继承性，如外部函数 f 是基类 A 的友元函数，类 C 是类 A 的派生类，则函数 f 不一定是类 C 的友元函数。

8.1.2 友元类

C++语言允许将一个类说明为另一个类的友元，例如，在类 C 中将类 B 说明为友元，则类 B 称为类 C 的友元类。此时，友元类 B 的所有成员函数均为类 C 的友元函数。

【例 8-2】 设计一个类作为另一个类的友元类。

源程序代码

```
#include <iostream>
using namespace std;
class C;                                        //类 C 的原型说明
class B{
  public :
    void sub(C &t);                             //A
    void show(C t);                             //B
};
class C{
      int a , b;
public :
     C(int x , int y){  a=x; b=y;   }
     friend class B;                            //C，说明类 B 为类 C 的友元
};
void B::sub(C &t){
     t.a--;                                     //D
     t.b--;                                     //E
}
void B::show(C t){  cout<<t.a<<'\t'<<t.b<<'\n';   }      //F
int  main( ){
     B b1;
     C c1(30 , 40);
     b1.show(c1);
     b1.sub(c1);
     b1.show(c1);
     return 0;
}
```

程序运行结果

```
30      40
29      39
```

在例 8-2 中，由于 A 行、B 行使用了类 C，故在使用之前给出类 C 的原型说明，并且 sub 函数和 show 函数中用到类 C 对象的成员，因此函数只能在类 C 之后定义。类 B 是类 C 的友元类，则类 B 的所有成员函数均为类 C 的友元函数。类 B 的成员函数可以通过形参访问类 C 的私有数据成员，如程序中的 D、E、F 行。友元关系不是可逆的，即类 B 为类 C 的友元类，并不表示类 C 也为类 B 的友元类。

8.2 运算符重载

C++语言中运算符的操作对象通常是基本数据类型，同类型对象之所以可以相互赋值，是因为系统预先重载了赋值运算符。若要使对象也能参与算术运算、关系运算等其他运算，就必须重

新定义这些运算符。

（1）用类的成员函数重载时，成员函数在类中定义的一般格式如下。

```
函数类型  operator  运算符(形参列表){
    函数体
}
```

（2）用类的友元函数重载时，友元函数在类中定义的一般格式如下。

```
friend  函数类型 operator 运算符(形参列表){
      函数体
}
```

其中关键字 operator 与其后要重载的运算符构成重载函数的函数名。当然重载函数也可以在类中给出原型说明，在类外定义其方法与其他函数定义相似。

【例 8-3】 加法运算符的重载示例。

源程序代码

```
#include <iostream>
using namespace std;
class D{
     int a,b,c;
public:
     D(int x=0,int y=0,int z=0)  { a=x;  b=y;  c=z; }
     D operator+(D t)    {
          D temp;                 //A
          temp.a=a+t.a;
          temp.b=b+t.b;
          temp.c=c+t.c;
          return temp;            //B
     }
     void print( )    {  cout<<a<<'\t'<<b<<'\t'<<c<<'\n'; }
};
int  main( ){
     D a1(1,2,3),a2(4,5,6),a3;
     a3=a1+a2;                    //C，编译器解释为 a3=a1.operator+(a2);
     a3.print( );
     return 0;
}
```

程序运行结果

```
5       7       9
```

例 8-3 的程序实现两个对象相加的功能。其中用成员函数重载+运算符，重载函数的形参是类 D 的对象，返回值类型为类 D。C 行表达式中第一个操作数对象 a1 为 this 指针所指的当前对象，第二个操作数对象 a2 为实参，将值传给形参 t。对象 a1 的数据成员和对象 a2 的数据成员进行加法运算，运算结果保存在 A 行定义的局部对象 temp 中，结果由 B 行返回。

重载运算符时需要注意以下几点。

（1）C++中的大多数运算符都可以重载，但下列运算符不能重载：成员运算符•、指针运算符*、作用域运算符::、条件运算符？:、求字节长度运算符 sizeof ( )。

（2）C++能重载的运算符大多数既可以用成员函数重载，又可以用友元函数重载。但有些运算符只能用成员函数重载，如赋值运算符=、数组下标运算符[ ]、函数调用运算符（ ）和指针访问成员运算符->；而有些运算符只能用友元函数重载，如插入运算符<<和提取运算符>>。

（3）运算符重载不能改变运算符的优先级、操作数的个数和结合性等基本性质。

（4）重载运算符是重新定义已有运算符的操作规则，不能创建新的运算符。

8.3 单目运算符重载

C++语言允许重载的单目运算符有自增运算符++、自减运算符--、负号运算符-和逻辑非运算符!等，下面分别介绍如何用成员函数和友元函数重载单目运算符。

8.3.1 成员函数重载单目运算符

用成员函数重载单目运算符时，重载函数通常是无参函数，通过 this 指针完成对当前对象的运算。与其他单目运算符不同的是，自增和自减运算符有前置和后置之分，因此重载后置自增或自减运算符时，为了与前置自增或自减运算符区分，在重载函数定义时需加一个标志参数 int。

成员函数重载前置自增运算符的一般格式如下。

```
函数类型 operator++( ){
   函数体
}
```

成员函数重载后置自增运算符的一般格式如下。

```
函数类型 operator++(int){
    函数体
}
```

【例 8-4】 自增运算符重载示例。

源程序代码

```
#include <iostream>
using namespace std;
class E{
     int m,n;
public:
     E(int x=0,int y=0)  { m=x;  n=y; }
     E operator++( ) {                 //成员函数重载前置++，在类中定义
         ++m;   ++n;                   //A
         return *this;                 //B
     }
     E operator++(int);                //成员函数重载后置++，在类中说明，在类外定义
     void print( ){
          cout<<"m="<<m<<"\tn="<<n<<'\n';
     }
};
E E::operator++(int) {
     E t=*this;                        //C
     ++m; ++n;                         //也可以调用已定义的前置++重载函数，写成++(*this);
     return t;
}
int  main( ){
```

```
    E a1(1,2),a2(10,20),a3,a4;
    a3=++a1;                    //D，编译器解释为 a3=a1.operator++( );
    a4=a2++;                    //调用后置++重载函数，等同于 a4=a2.operator++(1);
    cout<<"a1:\t";a1.print( );
    cout<<"a3:\t";a3.print( );
    cout<<"a2:\t";a2.print( );
    cout<<"a4:\t";a4.print( );
    return 0;
}
```

程序运行结果

```
a1: m=2    n=3
a3: m=2    n=3
a2: m=11   n=21
a4: m=10   n=20
```

在例 8-4 程序中用成员函数重载++运算符，前置运算在类中定义，后置运算在类中说明，在类外定义。

实现前置++的重载函数将自增后的对象作为返回值。D 行中的对象 a1 调用了重载函数，使得 A 行中的成员数据 m 和 n 自增，即对象 a1 的数据成员分别自增。由于隐含的 this 指针指向当前对象 a1，所以在 B 行返回*this 的值，即返回自增后对象 a1 的值。

在定义后置++的重载函数时，C 行先将自增前的对象*this 保存在局部对象 t 中，然后当前对象自增，最后返回自增前的对象。

用成员函数重载自减运算符与重载自增运算符类似，只需将自增运算符++改为自减运算符- -。

8.3.2 友元函数重载单目运算符

用友元函数重载单目运算符时，由于友元函数是外部函数，没有 this 指针，所以重载函数需要用一个对象作为形参，传递操作对象。为了将操作结果从运算符重载函数带回主函数，重载函数的参数不能是值传递，通常是引用传递。

用友元函数重载后置自增或自减运算符时，同样必须增加一个标志参数 int，以区别于重载前置自增或自减运算符。

【例 8-5】 自减运算符的重载示例。

源程序代码

```
#include <iostream>
using namespace std;
class F{
    int m,n;
public:
    F(int x=0,int y=0)  { m=x;  n=y; }
    friend F operator--(F &t)            //友元函数重载前置--，在类中定义
    { --t.m;   --t.n;   return t; }
    friend F operator--(F&t,int);        //友元函数重载后置--，在类中说明，在类外定义
    void print( ){
        cout<<"m="<<m<<"\tn="<<n<<'\n';
    }
};
F operator--(F &t,int){
```

```
        F temp=t;                          //A
        --t.m;    --t.n;                   //B
        return temp;
}
int  main( ){
        F a1(1,2),a2(10,20),a3,a4;
        a3=--a1;                           //C，编译器解释为 a3=operator--(a1);
        a4=a2--;                           //编译器解释为 a4=operator--(a2, 1);
        cout<<"a1:\t";a1.print( );
        cout<<"a3:\t";a3.print( );
        cout<<"a2:\t";a2.print( );
        cout<<"a4:\t";a4.print( );
        return 0;
}
```

程序运行结果

```
a1:     m=0     n=1
a3:     m=0     n=1
a2:     m=9     n=19
a4:     m=10    n=20
```

在例 8-5 程序中用友元函数重载--运算符，其中前置运算在类中定义，后置运算在类中说明，在类外定义。

运算符重载函数是系统自动调用的，C 行中的对象 a1 作为实参传递给形参 t，因为是引用传递，形参 t 即为实参 a1 的别名，故 t 的自减操作就是 a1 的自减运算。最后将自减后的对象作为函数的返回值，由于这里是用友元函数重载的，故不能使用 this 指针，即使用成员时必须指明成员所属的对象。

在定义后置--的重载函数时，应返回自减前对象的值。A 行将参数对象的值保存在局部对象 temp 中，B 行参数对象完成自减运算后，函数返回自减前的对象 temp。

8.3.3　强制类型转换运算符重载

重载强制类型转换运算符可以将一个对象转换为其他类型的数据。转换函数只能用成员函数重载，不能指定函数返回值类型，转换函数没有参数。

转换函数的一般格式如下。

```
operator  类型名( ){
     函数体
}
```

这里类型名是指转换后的数据类型，关键字 operator 与类型名一起构成函数名。

【例 8-6】 强制类型转换运算符重载示例。

源程序代码

```
#include <iostream>
using namespace std;
class G {
     int a;
public:
     G(int x=0)  {  a=x ;   }
     int geta( )  {  return a ;}
```

```
        operator char*( ) {          //转换函数，将当前对象转换成 char*
            int n=1,t=a;
            while(t=t/10) n++;
            char *s=new char[n+1];
            for(int i=n-1,t=a ;i>=0 ;i--){
                  s[i]=t%10+'0';
                  t=t/10;
            }
            s[n]='\0';
            return s;
        }
};
int  main( ){
        G a1(12345);
        cout<<"a1="<<a1.geta( )<<'\n';          //A
        char *str;
        str=a1;                                  //B
        cout<<"str="<<str<<'\n';
        delete []str;                            //C
        return 0;
}
```

程序运行结果

```
a1=12345
str=12345
```

例 8-6 将对象 a1（实际是 a1 的成员 a，即整数 12345）转换成字符串“12345”，用成员函数 operator char*( ) 实现转换，operator 和 char* 构成了转换函数的函数名。B 行赋值运算的左操作数 str 是字符型指针，右操作数是对象 a1，它们的类型不一致，系统调用转换函数将对象 a1 的整型数据成员转换成字符串后赋值，A 行通过公有成员函数 geta 访问私有数据成员 a。C 行通过指针 str 释放转换函数中分配的动态内存（str 指向转换函数中动态分配的内存空间 s）。

8.4　双目运算符重载

C++语言允许重载的双目运算符有赋值运算符、复合赋值运算符、关系运算符和逻辑运算符等。下面分别介绍用成员函数和友元函数重载双目运算符的基本方法。

8.4.1　成员函数重载双目运算符

用成员函数重载双目运算符时，运算符的第一个操作数一定是对象，这是因为要将其作为当前对象来调用重载函数。第二个操作数作为重载函数的实参，可以是对象、对象的引用，也可以是其他类型的数据，如整型、实型数据。故用成员函数重载双目运算符时，重载函数有一个参数。

【例 8-7】 减法运算符和复合赋值运算符重载示例。

源程序代码

```
#include<iostream>
using namespace std;
class A{
```

```
    int s[2];
public:
    A(int x=0 , int y=0)  { s[0]=x; s[1]=y; }
    void operator+=(A t) {                    //A
        s[0]+=t.s[0];                         //B
        s[1]+=t.s[1];
    }
    A operator-(int t) {
        A temp=*this;                         //C
        temp.s[0]-=t;
        temp.s[1]-=t;
        return temp;
    }
    void print( ){ cout<<s[0]<<'\t'<<s[1]<<'\t'<<'\n'; }
};
int main( ){
    A a1(1,2) , a2(3,4) , a(10 , 20);
    a1+=a;                        //D，编译器解释为 a1.operator+=(a)
    a2=a2-3;                      //E，编译器解释为 a2=a2.operator-(3)
    a1.print( );
    a2.print( );
    a.print( );
    return 0;
}
```

程序运行结果

```
11  22
0   1
10  20
```

在例 8-7 中，复合赋值运算符重载函数的函数名是 operator+=，函数无返回值。由于是完成两个对象的复合赋值运算，且为成员函数重载，故函数有一个形参，为类 A 的对象，如 A 行所示；另一个对象为当前对象，如 B 行中的 s[0]是当前对象的成员，t.s[0]是参数对象的成员。C 行中的 this 是指向当前对象的指针。在 D 行语句中，当前对象是 a1，在 E 行语句中，当前对象是 a2，由系统分别自动调用对应的重载函数。

由于 C++语言编译器会为每个类提供一个默认的赋值运算符重载函数，故通常情况下，相同类型对象之间可以相互赋值。但当对象的成员使用了动态内存时，即数据成员是指针成员，并指向 new 运算符动态申请的空间时，对象就不能直接赋值。此时相互赋值会导致不同对象的成员使用相同的内存空间，当系统撤销对象并释放内存空间时会出现错误。所以，如果类的对象使用了动态内存，应重载赋值运算符，赋值运算符必须用成员函数重载。

【例 8-8】 赋值运算符重载示例。

源程序代码

```
#include<iostream>
#include<cstring>
using namespace std;
class A {
    char *s;
  public:
    A( ) { s=0; }
    A(char *p){
        s=new char[strlen(p)+1];
```

```
            strcpy(s , p);
        }
        char* gets( ) {  return s;  }
        ~A( ) {  if(s) delete [ ]s;  }
        A &operator=(A &t) {            //A
            if(s)  delete [ ]s;
            if(t.s){
                s=new char[strlen(t.s)+1];
                strcpy(s , t.s);
            }
            else  s=0;
        return *this;
        }
};
int  main( ){
    A a1, a2("String1") , a3("String2");
    a1=a2=a3;                        //B
    cout<<a1.gets( )<<'\n';
    cout<<a2.gets( )<<'\n';
    return 0;
}
```

程序运行结果

```
String2
String2
```

在例 8-8 中，A 行赋值运算符重载函数的返回值及参数都是对象的引用。如果它们不是对象的引用，在B行连续赋值A行参数传递时会出现因不同对象成员使用了相同动态内存而引起错误。当对象的成员使用了动态内存时，复合赋值运算符的重载方法与赋值运算符类似。

不同对象赋值时，如果调用的是默认的赋值运算符重载函数，则赋值结束时，对象的成员数据相等，若需要它们不相等，也应该重载赋值运算符。

8.4.2 友元函数重载双目运算符

用友元函数重载双目运算符时，重载函数有两个参数。调用时，运算符的两个操作数都作为函数的实参，但其中至少要有一个操作数是对象或对象的引用，用于传递操作对象。

【例 8-9】 加法运算符和复合赋值运算符重载示例。

源程序代码

```
#include <iostream>
using namespace std;
class A;
A operator+(A,A);
class A{
        int a,b,c;
public:
        A(int x=0 , int y=0 , int z=0)    {  a=x; b=y; c=z;  }
        friend void operator+=(A &t1, A t2);
        friend A operator+(A t1 , A t2 );
        void print( ) {
            cout<<a<<'\t'<<b<<'\t';
            cout<<c<<'\n';
        }
```

```
};
void operator+=(A &t1 , A t2) {
     t1.a+=t2.a;
     t1.b+=t2.b;
     t1.c+=t2.c;
}
A operator+(A t1 , A t2 ) {
     A t;
     t.a=t1.a+t2.a;
     t.b=t1.b+t2.b;
     t.c=t1.c+t2.c;
     return t;
}
int  main( ){
     A a1 , a2(1,2,3) , a3;
     a1.print( );
     a3=a1+a2;           //A，编译器解释为 a3=operator+(a1,a2);
     a3.print( );
     a3+=a2;             //B，编译器解释为 operator+=(a3,a2);
     a3.print( );
     return 0;
}
```

程序运行结果

```
0    0    0
1    2    3
2    4    6
```

在例 8-9 中，A 行表达式的对象作为实参依次传递给运算符重载函数的形参，即 a1 传递给 t1，a2 传递给 t2，完成两个对象的相加。在函数体中定义局部对象 t，其数据成员接收对象 t1 和 t2 的 3 个数据成员分别相加后的值，最后返回局部对象 t。

复合赋值运算符+=的重载函数，将两个参数相加后的值赋给第一个参数，带回主函数。因此，第一个参数定义为对象的引用。例如，在 B 行中，形参 t1 是对实参 a3 的引用，a2 的值传给形参 t2，当完成+=操作后，引用类型的对象 t1 的值与对象 a3 的值相等。

用友元函数重载运算符与用成员函数重载运算符时，对象表达式相同，但函数调用方式不同，参数的个数不同，函数体中使用成员的方式也不同。重载同一个运算符，用成员函数重载时，函数形参列表中比用友元函数重载时少一个对象类型参数。

8.5 程序举例

【例 8-10】 定义一个简单的字符串类，通过重载运算符-=，实现删除字符串中指定字符的功能。

程序设计

（1）定义一个字符串类 String，其数据成员为指向字符型的指针 p。建立类 String 的对象后，其成员 p 指向要操作的字符串。

（2）定义成员函数重载运算符-=，函数返回值类型为对象的引用，函数的形参为字符型的变量，传递要删除的字符。通过循环语句遍历字符数组，查找到要删除的字符时，再用循环语句将其后的字符依次向前移动一位，完成删除功能。

源程序代码

```
#include<iostream>
#include<cstring>
using namespace std;
class String{
      char *p;
public:
  String(char *s){
        if(s){
        p=new char[strlen(s)+1];    //A
        strcpy(p,s);
      }
      else p=0;
}
~String( ){ if(p)  delete[]p;}
String &operator-=(char c);
void show(){ cout<<p<<endl;}
};
String &String::operator-=(char c){
      char *p1=p;
      while(*p1){
        if(*p1==c)
          for(char *q=p1;*q;q++) *q=*(q+1);
        else p1++;
      }
      return *this;
}
int main(){
      String s1("Microsoft Visual C++");
      s1.show();
      char c1='i';
      s1-=c1;                  //B
      s1.show();
      return 0;
}
```

程序运行结果

```
Mcrosoft Vsual C++
```

在例 8-10 程序中，定义对象 s1 时，系统自动调用构造函数对 s1 的成员 p 进行初始化。因为 p 是指针变量，所以 A 行动态申请字符数组空间，将动态空间的首地址赋值给 p，然后将参数复制到成员 p 所指向的动态空间。

B 行调用成员函数重载的二元运算符-=，运算符的左操作数是对象 s1，右操作数是要删除的字符‘i’，执行 B 行运算后，删除成员 p 指向的字符串中所有的字符‘i’。为了实现复合的赋值运算符-=的连续赋值，所以函数类型为对象的引用，函数返回当前对象*this。

【例 8-11】 重载下标运算符[]实现数组下标越界检查。

程序设计

（1）下标运算符的重载只能用类的成员函数来实现，不能用友元函数来实现。

（2）定义重载函数时，因为下标运算符是二元运算符，所以第一个操作数是类的对象，重载函数只有一个参数，函数类型为实型变量的引用。如果数组下标越界，就终止程序运行。

源程序代码

```
#include<iostream>
using namespace std;
class Array{
    float *p;
    int len;
public:
    Array(int n=0){
      if(n>0){
            p=new float[n];
            len=n;
      }
      else{ p=0;len=0;}
}
~Array(){ if(p)  delete[]p;}
float &operator[](int index);
};
float &Array::operator[](int index){
    if(index>=len||index<0){
           cout<<"\nError:数组下标:"<<index<<"越界"<<endl;
           exit(1);
    }
      return p[index];
}
int main(){
    Array s1(10),s2(3);
    int i;
    for(i=0;i<10;i++) s1[i]=i;             //A
    for(i=0;i<11;i++) cout<<s1[i]<<'\t';   //B
    cout<<endl;
    s2[2]=26;
    cout<<"s2[2]="<<s2[2]<<"\n";
    return 0;
}
```

程序运行结果

```
0    1    2    3    4    5    6    7    8    9
Error:数组下标:10 越界
```

在例 8-11 中，重载函数 operator[]的功能是查看数组元素下标是否越界，若不越界，则返回数组中相应元素的引用；否则输出出错信息，并终止程序的执行。当函数类型为实型变量的引用时，函数返回值可以作为赋值运算的左操作数，如 A 行所示。若把 B 行中的 11 改为 10，则程序能正确执行。此时，程序的运行结果如下。

```
0    1    2    3    4    5    6    7    8    9
s2[2]=26
```

8.6 习　　题

1. 定义一个类 Sample，求正方形的面积。具体要求如下。

（1）私有数据成员。

- int n;

（2）公有成员函数。

- 构造函数：初始化数据成员。
- void display()：输出正方形的面积。

（3）友元函数：求正方形的面积。

（4）在主函数中定义对象对该类进行测试。

2. 定义一个复数类，重载+、*、+=、!=这 4 个运算符，分别实现两个复数之间的加法、乘法、复合赋值运算，以及判断两个复数是否相等的运算。

3. 定义一维数组类 Array，成员数组使用动态内存。重载自增和自减运算符，实现数组元素值的自增和自减。具体要求如下。

（1）私有数据成员 int *p 和 n 分别表示一维数组及其大小。

（2）定义构造函数，初始化私有数据成员；析构函数，释放动态内存。

（3）用成员函数重载自增运算符（前置和后置形式）。

（4）用友元函数重载自减运算符（前置和后置形式）。

（5）输出函数完成数据成员的输出。

4. 重载运算符^实现数组各对应元素相乘方。例如 a[3]={ 2，2，2 }，b[3]={ 3，3，3 }，则 a^b={ 8，8，8 }。具体要求如下。

（1）私有数据成员。

- int a[3];

（2）公有成员函数。

- 构造函数：初始化数据成员。
- void print()：输出数组成员的函数。

（3）友元函数重载运算符^。

（4）在主函数中定义对象 t1（以数组 a 作参数）、t2（以数组 b 作参数）和 t3（无参），通过语句“t3=t1^t2;”对类进行测试。

第 9 章 模板和异常处理

模板常用于表达逻辑结构相同，但具体数据元素类型不同的数据对象的通用行为，是实现代码重用的一种工具，可以实现函数或类要处理的数据类型参数化，表现为参数的多态性，即将类型定义为参数，从而实现真正的代码可重用性。模板有函数模板和类模板两种。不管是哪种模板都不是实实在在的类或函数，而仅仅是对类或函数的描述。

异常处理一般用在大型软件中，由于函数之间有着明确的分工和复杂的调用关系，发现错误的函数往往不具备处理错误的能力。此时异常处理机制可将异常的检测与处理分离。当在一个函数体中检测到异常条件存在，却无法确定相应的处理方法时，该函数将引发一个异常，由函数的直接或间接调用者捕获这个异常并处理这个错误。

9.1 函数模板

函数模板是一个通用函数，其函数类型和形参类型不具体指定，而是用一个虚拟的类型来代表。函数模板并不是真正的函数，只是一种产生多种函数的模式或者框架。

9.1.1 函数模板的定义

函数模板定义的一般格式如下。

```
template  <typename  T>
函数类型 函数名(形参列表)  {
    函数体
}
```

其中，template 是关键字，表示声明一个模板；尖括号中不能为空，typename（或使用 class）是类型参数说明关键字；T 是类型参数。例如：

```
template <class  T>
T  GetMax (T  a,  T  b){  return (a>b?a:b);  }
```

函数模板定义中的类型参数可以是一种，也可以是多种，如果多于一种，则每个形参前都要加关键字 typename（或 class），且各类型参数间用逗号隔开。例如：

```
template <typename  T, typename  U >
T  GetMin  (T  a,  U  b)  { return  (a<b? a: b); }
```

此时函数 GetMin 可以接受两个不同类型的参数，通过 T 和 U 来区分，结果将返回一个与第一个参数同类型的数据。

函数模板可以生成通用的函数，这些函数能够接受任意数据类型的参数，可返回任意类型的值，而不需要在函数重载时匹配检查所有可能的数据类型。

9.1.2 函数模板的使用

函数模板定义后，可以直接用实参代替函数模板定义中的形参，来实现对该函数的调用。具体形式如下。

```
函数名(实参表);
```

编译器将根据用户给出的实参类型，生成相应的重载函数。生成的重载函数称为模板函数，是一个实实在在的函数。例如：

```
template <class T>
T  GetMax (T  a, T  b){  return (a>b?a:b);  }
int  main ( ){
     cout << " GetMax ( 7 , 2 )=" << GetMax ( 7 , 2 ) << endl ;    //输出7
     cout << " GetMax ( 'p' , 'Q' )=" << GetMax ( 'P' , 'Q' ) << endl ;  //输出字符Q
     cout << " GetMax ( 3.2 , 9.01 )=" << GetMax ( 3.2 , 9.01 ) << endl; //输出9.01
     return 0;
}
```

再如：

```
template <typename  T, typename  U >
T  GetMin (T  a, U  b) { return (a<b? a: b); }
int main(){
     int  i,j=555;
     char  k='5';
     i = GetMin <int, long> (j, k);          //A
     cout<<i<<'\n';                          //输出字符‘5’的ASCII码值53
     return 0;
}
```

A 行也可用如下语句。

```
i = GetMin (j,k);
```

模板参数也可以设置默认值，与为函数参数设置默认值类似。例如：

```
template <class  T =value>                    //有一个默认值
```

【例 9-1】 定义一个冒泡排序法的函数模板。

程序设计

冒泡排序法升序的具体步骤为：依次比较相邻的两个数，即首先比较第一个和第二个数，将小数放前，大数放后；然后比较第二个数和第三个数，将小数放前，大数放后，如此继续，直至比较最后两个数，将小数放前，大数放后。此时第一趟结束，最大的数放到了最后。第二趟仍从第一对数开始比较，将小数放前，大数放后，一直比较到倒数第二个数，第二趟结束，在倒数第二的位置上得到一个第二大数。如此下去，重复以上过程，直至最终完成排序。

考虑到数据序列的存储，函数模板中应有两个参数，一个是数据序列的首地址，另一个是数据序列的长度。

源程序代码

```
#include <iostream>
#include <cstring>
using namespace std;
template <typename  ElementType >                      //定义模板函数
void SortBubble ( ElementType *a , int size ){
    int  i, work ;
    ElementType  temp ;
    for (int pass = 1; pass < size; pass ++ )  {
        work = 1;
        for ( i = 0; i < size-pass; i ++ )
            if ( a[i] > a[i+1] )  {
                temp = a[i] ;  a[i] = a[i+1] ;  a[i+1] = temp ;  work = 0 ;
            }
        if ( work ) break ;
    }
}
int  main(){
     int  b[5]={7,5,2,8,1};
     char  c[]="xkdwzeopb";
     SortBubble (b,5);                       //调用模板函数
     for(int i=0;i<5;i++)
          cout<<b[i]<<'\t';                  //输出1  2  5  7  8
     cout<<'\n';
     SortBubble (c,strlen(c));
     cout<<c<<'\n';                           //输出 bdekopwxz
     return 0;
}
```

9.1.3 重载函数模板

与函数重载类似，函数模板间可以相互重载，函数模板与函数间同样可以相互重载。

【例 9-2】 重载函数模板示例。

源程序代码

```
#include <iostream>
#include <cstring>
using namespace std;
template <typename  T>                     //A
T Max(T  a, T  b )  { return  a>b ? a : b ; }
template <typename  T>                     //B
T Max(T a, T b , T c){
    T  t ;
    t = Max(a, b) ;
    return Max  ( t, c ) ;
}
int Max(int  a , char  b )  { return  a>b ? a : b ; }     //C
int main ( ) {
    cout<< " Max( 3, 'a' ) is " << Max( 3, 'a' ) << endl ;   //D
    cout << " Max(9.3, 0.5) is " << Max(9.3, 0.5) << endl ;  //E
    cout << " Max(9, 5, 23) is " << Max(9, 5, 23) << endl ;  //F
    return 0;
}
```

程序运行结果

```
Max <3, 'a'> is 97
Max <9.3, 0.5> is 9.3
Max <9, 5, 23> is 23
```

例 9-2 在调用时，首先寻找和使用最符合函数名和参数类型的函数，若找到则调用它，如 D 行调用 C 行定义的函数；否则，寻找一个函数模板，将其实例化产生一个匹配的模板函数，若找到则调用它，如 E 行调用 A 行定义的函数模板，F 行调用 B 行定义的函数模板。

在 C++语言中，函数模板与同名的非模板函数重载时，一般遵循下列调用原则。

（1）寻找一个与参数完全匹配的函数，若找到就调用它。若参数完全匹配的函数多于一个，则这个调用将是一个错误的调用。

（2）寻找一个函数模板，若找到就将其实例化，生成一个匹配的模板函数并调用它。

（3）若上面两条都失败，则使用函数重载的方法，通过类型转换产生参数匹配，若找到就调用它。

（4）若上面 3 条都失败，即没有找到都匹配的函数，则这个调用是一个错误的调用，系统将报错。

9.2 类 模 板

类模板用于实现类所需数据的类型参数化。类模板在表示如数组、表、图等数据结构时特别重要，这些数据结构的表示和算法不受包含的元素类型的影响。

9.2.1 类模板的定义

类模板定义的一般格式如下。

```
template < typename T >
class 类名{
    ……                      //类体
};
```

这里的关键字 template、typename（或用 class）及 T 与函数模板定义中的类似。

在类模板定义中，凡要采用类型参数 T 的数据成员、成员函数的参数或函数类型前都要加上类型标识符 T。如果类模板中的成员函数要在类外定义，则它必须是函数模板。其定义的一般格式如下。

```
template <typename T>
函数类型 类名<T> :: 成员函数名(形参列表){
    函数体
}
```

类模板使类中的数据成员和成员函数的参数或返回值可以取任意的数据类型。它不是一个具体的类，而是代表一簇类，是这一簇类的统一模式。

【例 9-3】 定义一个包含两个私有数据成员、一个构造函数和一个输出成员函数的类模板。

源程序代码

```
template<typename T1, typename T2>      //A
class AA{
private:
```

```
        T1  i;                              //B
        T2  j;
    public:
        AA(T1  a,T2  b);
        void print( );
    };
    template <typename  T1, typename  T2>            //C
    AA<T1,T2>:: AA(T1  a,  T2  b): i(a), j(b){  }    //D
    template <typename  T1, typename  T2>
    void AA<T1,T2>:: print( ){  cout<<"i="<<i<<", j="<<j<<endl;  }
```

例 9-3 中的 A 行为定义类模板，注意行末不能加分号，因为它要和下面的类定义构成一个整体；B 行定义了类的一个私有数据 i；C 行和 D 行合在一起构成了在类外定义 AA 类的构造函数 AA；同样，print 函数前的函数模板定义也不能少。

9.2.2　类模板的使用

使用类模板就是要将它实例化为具体的类，将类模板的模板参数实例化后生成的具体类，称为模板类。模板类是一个实实在在的类。利用类模板可以产生多种不同的模板类。例如，利用例 9-3 中的类模板 AA，可以产生多个模板类，例举其中一部分。

```
AA<int,int>;                    //第一个参数是 int,第二个参数也是 int
AA<int,char>;                   //第一个参数是 int, 第二个参数是 char
AA<AA<int, float>, char>        //第一个参数是具有 AA 类的类型，第二个参数是 char
AA<int *,int>                   //第一个参数是指向 int 的指针类型，第二个参数是 int
```

有了确定类型的模板类后，就能利用它来创建类的实例，即产生类的对象。其定义的一般格式如下。

```
类名 <类型实参列表> 对象名 1(实参列 1), 对象名 2(实参列 2), …, 对象名 n(实参列 n);
```

其中，类名<类型实参列表>为实例化的模板类。系统会先创建一个具体的模板类，再生成该模板类（具体类）的对象。

【例 9-4】 模板类及其对象的使用示例。

程序设计

在主函数中定义例 9-3 的模板类并生成对象，利用对象调用成员函数来测试定义类的。

源程序代码

```
int main(){
    AA<int,int> a1(3,5);            //实例化类模板并生成 a1 对象
    a1.print();                     //调用 a1 对象的成员函数 print
    AA<int,char> a2(4,'a');
    a2.print();
    AA<double,int> a3(2.9,10);
    a3.print();
    return 0;
}
```

程序运行结果（将程序补充完整后运行）

```
i=3, j=5
i=4, j=a
```

```
i=2.9, j=10
```

9.3 异常处理

异常是指 C++语言运行时产生的错误，它是由大量的例外情况产生的，如内存用尽、不能打开文件、使用不合适的值初始化对象等。异常处理的任务是在程序设计时，事先分析程序运行时可能出现的各种意外情况，分别制订出相应的处理方法。

异常处理的基本思想是将异常的检测与处理分离。当在一个函数体中检测到异常条件存在，却无法确定相应的处理方法时，该函数将引发一个异常，由函数的直接或间接调用者捕获这个异常并处理这个错误。

9.3.1 异常处理的机制

异常处理的机制为抛出异常、捕获异常和处理异常。在 C++语言中，使用 throw 抛出异常，使用 try…catch 捕获和处理异常。其处理过程如下。

（1）设置异常块并抛出。将可能出现错误或异常的代码块设置成被监视代码块，在发生异常时用 throw 将该块抛出，称为抛出一个异常。

（2）将被监视代码块放到 try 结构中监视。

（3）若被监视代码块抛出异常，则进入 catch 结构进行处理。

9.3.2 异常处理的实现

1. throw 语句

当某段程序发现了自己不能处理的异常时，可以使用 throw 语句将这个异常抛给调用者。throw 语句的一般格式如下。

```
throw  <表达式>;
```

throw 语句的使用与 return 语句相似，如果程序中有多处要抛出异常，应该用不同的表达式类型来互相区别，称为异常类型。表达式的值不能用来区别不同的异常。例如：

```
throw  1;                //A
throw  '1';              //B
throw  "number error";   //C
```

A 行抛出一个异常，该异常为 int 类型，值为 1；B 行抛出一个异常，该异常为 char 类型，值为字符型数据‘1’；C 行抛出一个异常，该异常为 char*类型，值为字符串的首地址。在执行完 throw 语句后，系统将不执行 throw 后面的语句，而是直接跳到异常处理语句部分进行异常处理。

2. try…catch 块语句

如果预料某段程序代码（或对某个函数的调用）有可能发生异常，就将它放在 try 语句之后。如果这段代码（或被调函数）运行时真的遇到异常情况，其中的 throw 表达式就会抛出这个异常。try 块语句的一般格式如下。

```
try {
   ......                    //可能抛出异常的语句序列
 }
```

```
catch ( 异常类型名  异常对象名){
    ……                       //异常处理代码
}
```

若 try 内的代码中有用 throw 语句抛出的一个异常，则在 throw 语句执行后，立即跳转到 try 后的 catch 块列表中，查找异常类型与抛出的异常对象类型相同的 catch 块。若找到，将抛出的异常对象值赋给对应 catch 块的异常对象，并进入 catch 块执行（类似函数调用过程）。执行完 catch 块代码后，系统跳到 try…catch 后面的语句执行。

关于异常处理的使用有如下几点说明。

（1）try 块和 catch 块作为一个整体出现，catch 块是 try…catch 块的一部分，不可以单独使用，两者之间不能插入其他语句。

（2）try 块和 catch 块中必须用花括号括起来，即使花括号内只有一个语句，也不可以省略花括号。

（3）try…catch 块语句中只能有一个 try 块，但后可跟多个 catch 块，以便与不同的异常信息相匹配。此时按照 catch 块出现的先后顺序，查找异常类型与抛出的异常对象的类型相同的 catch 块。所有同级别的 catch 块语句只能有一条被执行，不存在两条同时被执行的情况。

（4）如果在 catch 语句块代码中，异常类型名部分的形式为省略号（…），即写成 catch （…），系统将该省略号处理成“通配符”，表示捕获所有类型的异常，并且此形式只能位于同级别的 catch 语句的最后位置。

（5）try…catch 语句块是可以嵌套的。语句块中的 try 块和 catch 块也可以不在同一个函数中，当用 throw 抛出异常信息时，首先在本函数中寻找与之匹配的 catch 块，如果本函数中找不到，就转到上一层去处理，再找不到，则转到更上一层去处理，直至找到后处理。如果一直找不到，系统会调用一个系统函数 terminate，使程序终止运行。

（6）throw 语句也可以这样用：

```
throw;
```

此时表示不处理这个异常，交给上级处理，即将当前正在处理的异常信息再次抛出，让其上一层的 catch 块处理。

【例 9-5】 试分析下面程序的输出结果。

```
#include<iostream>
using namespace std;
int main(){
    try{
        cout<<"This is a Test!"<<endl;
        throw 1;                                //A
        cout<<"It can not show!"<<endl;         //B
    }
    catch(char) {                               //C
        cout<<"******"<<endl;                   //D
    }
    catch(int a) {                              //E
        cout<<"++++++"<<endl;                   //F
        cout<<"a="<<a<<endl;
    }
    catch(...) {                                //G
        cout<<"catch all type!";
```

```
    }
    cout<<"Test is end!"<<endl;                    //H
    return 0;
}
```

程序运行结果

```
This is a Test!
++++++
a=1
Test is end!
```

例 9-5 中的程序由一个 try 块和 3 个 catch 块语句构成，且 3 个 catch 块语句是并列的。程序的执行按从上往下的顺序依次进行，执行到 A 行时，throw 语句抛出了一个异常，这个异常的数据类型是 int，值为 1。程序转而去执行 catch 语句，而程序中的 B 行将不会执行。

接着按照从上往下的顺序查找 catch 块语句中的数据类型和 throw 抛出的数据类型相同的，例 9-5 首先判断 C 行中的 catch 块语句中的数据类型是不是 int，结果不是。然后找到第二个 catch 块语句，即程序中的 E 行，结果类型相同，并且有一个变量 a。系统将对 a 赋值，即 a=1；程序继续执行 F 行，并输出 a 的值。结束整个 try…catch 块语句的执行。G 行 catch 语句中的异常类型名为省略号的形式，即表示捕获所有的异常，注意是从上往下查找 catch 语句时，找不到匹配的数据类型，系统将执行此 catch 块中的语句，如果找到，则不会执行此条语句。执行完 try…catch 块语句后，系统将按照顺序执行后面的语句，即执行程序中的 H 行，执行后整个程序结束。

值得注意的是，由于 C++语言的构造函数没有返回值，故适合用异常机制解决创建对象失败的问题。当创建对象失败时，可以在构造函数中抛出一个异常。

9.4 程序举例

【例 9-6】 编写程序，定义一个类模板，实现先读取第一个元素值，再将指针指向数组起点。创建一个含有 20 个整数的数组，然后设置数组的元素值为{0，2，4，…，38}，最后输出数组元素。

源程序代码

```
#include <iostream>
using namespace std;
template <typename  T, int  SIZE>          //定义类模板
class  array{
     T  data[SIZE];
     array (const  array& other);
public:
     array(){}
     T&  operator[](int i) {
         return  data[i];
     }
     const  T& getelem (int i) const {
         return  data[i];
     }
     void  setelem(int i, const  T& value) {
         data[i] = value;
     }
```

```
        operator T*() {
            return  data;
        }
};
int  main(void){
        array<int, 20> aa;
        for(int i=0;i<20;i++)
            aa.setelem(i, 2*i);
        int  firstElem=aa.getelem(0);
        int  *begin=aa;
        for(i=0;i<20;i++)
            cout<<begin[i]<<'\t';
        return 0;
}
```

程序运行结果

```
0    2    4    6    8    10   12   14   16   18
20   22   24   26   28   30   32   34   36   38
```

【例 9-7】 定义类模板实现对不同类型数组的排序。

源程序代码

```
#include <iostream>
#include <cstring>
using namespace std;
template <class T>
class  Vector{
      T *v;
      int sz;
public:
      Vector(T  a[],int  s) {
            v=new  T[s];
            sz=s;
            for(int  i=0;i<sz;i++)
                  v[i]=a[i];
      }
      void  print(){
            for(int  i=0;i<sz;i++)
                  cout<<v[i]<<'\t';
            cout<<'\n';
      }
      int  size( ) { return sz; }
      T&  elem(int i) { return  v[i]; }
      friend  void  sort(Vector<T> &w);
};
template<class  T>
void  sort(Vector<T> &w){
      int n=w.size( );
      for(int  i=0;i<n-1;i++)
            for(int  j=i+1; j<n; j++)
                  if(w.v[j]<w.v[i]) {
                        T temp=w.v[j];
                        w.v[j]=w.v[i];
                        w.v[i]=temp;
                  }
}
```

```
int main(){
    int b[6]={5,8,2,7,4,3};
    Vector<int>aa(b,6);
    cout<<"原整型数组为: ";
    aa.print();  sort(aa);
    cout<<"排序后的整型数组为: ";  aa.print();
    char str[]={"ueDSHture"};
    Vector<char>dd(str,strlen(str));
    cout<<"\n原字符数组为: ";
    dd.print();  sort(dd);
    cout<<"排序后的字符数组为: ";    dd.print();
    return 0;
}
```

程序运行结果

```
原整型数组为: 5  8  2  7  4  3
排序后的整型数组为: 2  3  4  5  7  8
原字符数组为: u  e  D  S  H  t  u  r  e
排序后的字符数组为: D  H  S  e  e  r  t  u  u
```

【例 9-8】 试分析下面程序的输出结果。

```
#include<iostream>
using namespace std;
int main(){
    try{                                    //A
        try{                                //B
            throw 'a';                      //C
            cout<<"first!"<<endl;           //D
        }
        catch(char) {                       //E
            throw;                          //F
            cout<<"second!"<<endl;          //G
        }
    }
    catch (...){                            //H
        cout<<"抛出异常! "<<endl;           //I
    }
    return 0;
}
```

程序运行结果

```
抛出异常!
```

例 9-8 程序是 try…catch 语句的嵌套使用，从 A 行处开始有一个 try…catch 语句，第二个 try…catch 语句从 B 行处开始，位于第一个 try…catch 语句的内部。程序从上往下依次执行，当执行到 C 行时，系统抛出异常，异常类型为字符型，首先由同一级的 catch 语句捕获，即由 E 行经检查数据类型后匹配成功，转而执行该 catch 语句块。因此，D 行程序不会执行。

当执行到例 9-8 中的 F 行时，系统又抛出一个异常，而在同级别中没有相应的 catch 语句捕获，因此，系统转而到外层的 catch 语句中查找，因此找到 H 行。H 行的 catch 语句用的是省略号，表示捕获所有类型的异常，因此，系统执行 I 行。执行完成后，程序结束。

【例 9-9】 编写一个求两个数据相除的函数，该函数在调用时，除数为 0 作为异常。在主函数中捕获并处理异常。

程序设计

当调用函数对两个数据进行相除运算时，如果分母为 0，则用 throw 抛出此异常，在主函数用 try…catch 块句来捕获，并在 catch 块句中进行相应的处理。

源程序代码

```
#include<iostream>
using namespace std;
double  fun(double  x, double  y) {          //函数的定义
    if(y==0) {
          throw  y;                          //当除数为 0 时，抛出异常
     }
     return  x/y;                            //否则，返回两个数的商
}
int  main(){
     double  es;
     try  {                                  //定义异常开始
          double res=fun(2,3);               //函数调用
          cout<<2<<"/"<<3<<"的结果是 : "<<res<<endl;
          res=fun(4,0);      //此次调用会产生异常，函数内部将抛出异常
          cout<<4<<"/"<<0<<"的结果是 : "<<res<<endl;
     }
     catch(double)  {                        //捕获并处理异常
          cerr<<"分母为零，错误.\n";
          exit(1);                           //异常退出程序
     }
     return 0;
}
```

程序运行结果

```
2/3 的结果是: 0.666667
分母为零，错误.
```

【例 9-10】 试定义两个异常类来处理给定范围内的除法运算。要求：异常类的基类用于处理零除数；异常类的派生类用于处理数据过大或者数据过小时的异常。先检查数据并进行处理：当数据超过最大值或者小于最小值时，进行调整。方法为：当数据过大时，数据每次除以 2；当数据过小时，数据每次乘以 2。最后在除法运算中检查零除数。

源程序代码

```
#include <iostream>
using namespace std;
#define  MAX  200
#define  MIN  100
int  data;                                   //存放被转换的数据
double  di;                                  //存放被除数
class except{                                //定义基类
    char  *message;
public:
```

```
    except (char * ptr)  {  message = ptr;   }
    const  char  *what( ) {  return message;   }
    virtual  void  handling( )  {              //虚函数
         cout << "请再次输入被除数! : ";
         cin >>di;
    }
    void  action ( ){
         cout << "异常为 : " << what( ) << '\n';
         handling( );
    }
};
class  except_derive:public  except{                    //定义派生类
public:
    except_derive(char * ptr) : except (ptr){ }
    virtual  void  handling ( ) {                       //虚函数
         if ( data > MAX )
              cout <<"启动数据转换，将数据减少至" << (data/=2) << endl;
         else
              cout << "启动数据转换，将数据增加至" << (data*=2) << endl;
    }
};
double  quotient( double  m, double  n ){
    if ( n == 0 )
         throw except( "除数为 0 的错误抛出!" );
    return  m / n;
}
int  main(){
     double  n, result;
     int  flag =1;
     char * mes_low = {"数据太小! 超出范围!"};
     char * mes_high = {" 数据太大! 超出范围!"};
     cout << "请输入转换数据: ";
     cin >> data;
     cout << "请输入除数和被除数 : ";
     cin >> n >> di;
     while ( flag ) {
         try{
              if ((data> MAX )||(data < MIN ))                  //超出范围，抛出
                   throw  except_derive((data > MAX )?( mes_high ):( mes_low ));
              result = quotient ( n, di);
              cout << "二数相除的结果为: " << result << endl;
              flag =0;
         }
         catch ( except_derive ex )  {    ex.action( );    }  //派生类异常捕获
         catch ( except ex )        {    ex.action( );    }  //基类异常捕获
     }
     return 0;
}
```

例 9-10 中出现异常时，任何一个捕获块都调用异常基类中的 action 函数，此时 action 函数能够根据不同对象指针来调用相应的虚函数 handling，利用虚函数实现多态性。派生类的成员函数用来处理数据超范围，当超过范围时，即比 200 大时，对数据进行除以 2 操作；当数据低于 100

时，对数据进行乘以 2 操作。注意的是，捕获异常程序块时的顺序不能颠倒。

在异常处理过程中应注意以下几点。

（1）如果抛出的异常一直没有函数捕获（catch），则会一直上传到 C++系统，最终导致整个程序终止，但应尽量避免这种终止程序的方式。

（2）一般在异常抛出后资源可以正常被释放，但如果在类的构造函数中抛出异常，系统不会调用它的析构函数，处理方法是：如果在构造函数中抛出异常，则在抛出前首先删除申请的相关资源。

（3）异常处理仅仅通过类型检查来匹配，并不是通过值来匹配的，所以 catch 块的参数可以没有参数名，只需要参数类型。

（4）函数原型中的异常说明要与实现中的异常说明一致，否则容易引起异常冲突。

（5）catch 块的参数建议采用地址传递而不是值传递，这样不但可以提高效率，还可以充分利用对象的多态性。另外，派生类的异常捕获应放到基类异常捕获的前面，否则，派生类的异常无法被捕获。

（6）编写异常说明时，要确保派生类成员函数的异常说明和基类成员函数的异常说明一致。

9.5 习　　题

1. 编写一个函数模板，返回两个值中的较小者，同时要求能正确处理字符串。
2. 编写一个对具有 n 个元素的数组 x 求最大值的程序，要求将求最大值的函数设计成函数模板。
3. 什么叫作异常？什么叫作异常处理？
4. 如何理解 throw 语句进行的“调用”实际上是带有实参的跳转？
5. 当程序具有多个 try 块时，抛出异常后，系统将怎样寻找匹配的目标 catch 块？
6. 写出下列程序的运行结果。

```
#include<iostream.h>
void main(){
    cout<<" 开始"<<endl;
    try{
            cout<<"进入 try 块"<<endl;
            throw 999;
            cout<<"该语句不应执行";
    }
    catch(int i){                       //A
            cout<<"捕捉的异常为:";
            cout<<i<<endl;
    }
    cout<<"结束";
}
```

若将 A 行中的 int 改为 double，结果如何？

第 10 章 输入/输出流

数据的输入和输出（简写为 I/O）包括对标准输入/输出设备、外存文件和内存空间 3 个方面。对标准输入设备键盘和标准输出设备显示器的输入/输出简称为标准 I/O，对在外存磁盘上文件的输入/输出简称为文件 I/O，对内存中指定的字符串存储空间的输入/输出简称为串 I/O。

C++语言的 I/O 是以字节流的形式实现的，每一个 C++语言编译系统都带有一个面向对象的 I/O 软件包，这就是 I/O 流类库。其中，流是 I/O 流类的中心概念。

10.1 输入/输出流的概念

C++语言将数据在不同对象之间的输入/输出过程称为流（Stream）。流既可以表示数据从内存传送到某个设备中，即输出流；也可以表示数据从某个设备传送到内存缓冲区，即输入流。有的流既是输入流，又是输出流。流中的内容可以是 ASCII 码字符、二进制形式的数据、图像和视频等多媒体或其他形式的数据。

C++语言提供了两种类型的流：文本流和二进制流。文本流是一串 ASCII 码字符。例如，程序文件和文本文件都是文本流，这种流可以直接输出到显示器或在打印机上打印。二进制流是将数据以二进制形式存放的，这种流在数据传输时不做任何变换。实际上，流是程序输入或输出的一个连续的字节序列，与内存缓冲区相对应。

I/O 流类库提供对象之间的数据交互服务，流类库预定义了一批流对象，连接常用的外部设备，程序员也可以定义所需的 I/O 流对象，使用流类库提供的工作方式实现数据传输。

流在使用前要建立，使用后要删除，还要使用一些特定的操作从流中获取数据或向流中添加数据。标准流通过重载运算符<<和>>执行输入和输出操作。从流中获取数据的操作称为提取操作，运算符>>称为提取运算符，向流中添加数据的操作称为插入操作，运算符<<称为插入运算符，数据的输入与输出就是通过 I/O 流来实现的。

10.2 C++语言的基本流类体系

10.2.1 基本流类体系的构成

流是 C++流类库用继承方法建立起来的一个 I/O 类库，它具有两个平行的基类，即类 streambuf

和类 ios，所有其他的流类都是从它们直接或间接地派生出来的。其中类 streambuf 提供对缓冲区的低级操作，包括设置缓冲区、缓冲区指针操作、向缓冲区存/取字符等；类 ios 及其派生类提供用户使用流类的接口，支持对 streambuf 的缓冲区 I/O 的格式化或非格式化转换。

在 C++语言系统中，所有的流式输入/输出操作都是借助类 ios 及其派生类对象实现的。与 cout 和 cin 相关的类名为输出流类 ostream 和输入流类 istream，它们都是类 ios 的派生类。cin 是类 istream 的一个对象；cout 是类 ostream 的一个对象，特殊之处在于它们是编译器直接认识的系统级对象。而类 ostream 和 istream 则是在 iostream 头文件中声明的。实际上，C++语言支持的各种流式输入/输出的许多保留名都是某个具体类的对象名或对象成员名。由类 ios 可派生出许多派生类，而每个类的对象也不只是内定的 cin 和 cout，甚至可由用户定义对象用以支持不同要求的流式输入/输出。图 10-1 给出了 C++语言中 I/O 的基本流类体系，该流类库在头文件 iostream 中做了说明。

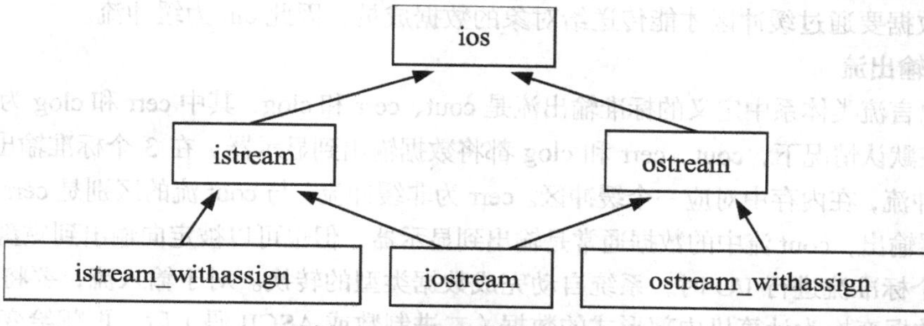

图 10-1　I/O 流类库的类层次

1. 基类 ios

基类 ios 派生出了输入类 istream 与输出类 ostream，是所有基本流类的基类。其他基本流类均由该类派生出来。

2. 输入类 istream

输入类 istream 负责提供输入（提取）操作的成员函数，使输入流对象能通过其成员函数完成数据输入操作任务。由输入类 istream 派生出类 istream_withassign，而输入流 cin 是由 istream_withassign 定义的对象。

3. 输出类 ostream

输出类 ostream 负责提供输出（插入）操作的成员函数，使输出流对象能通过其成员函数完成数据输出操作任务。由输出类 ostream 派生出类 ostream_withassign，而输出流 cout 是由 ostream_withassign 定义的对象。

4. 输入/输出类 iostream

类 iostream 是类 istream 和类 ostream 公有派生的，该类并没有提供新的成员函数，只是将类 istream 和类 ostream 组合在一起，以支持一个流对象既可完成输入操作，又可完成输出操作。

10.2.2 标准输入/输出流

标准 I/O 流是 C++语言预定义的对象，提供内存与外部设备进行数据交互功能，对数据进行解释和传输，提供必要数据缓冲。C++语言的 I/O 流类库中预先定义了 4 个标准流对象：cin、cout、cerr 和 clog，它们不是 C++语言中的关键字。只要程序中包含了头文件 iostream，编译器调用相应的构造函数产生这 4 个标准流对象，用户在程序中就可以直接使用了。表 10-1 为 iostream 文件中定义的 4 种标准流对象。

表 10-1　　iostream 文件中定义的 4 种标准流对象

对　象	含　义	对 应 设 备	所 属 类 库
cin	标准输入流	键盘	iostream
cout	标准输出流	显示器	iostream
cerr	标准输出流	显示器	iostream
clog	标准输出流	显示器	iostream

1. 标准输入流

在 C++语言流类体系中定义的标准输入流是 cin。在默认情况下，cin 流从键盘获取输入数据。提取运算符>>从流中提取数据时，通常跳过输入流中的空格、tab 键、换行符等空白字符。因为提取操作的数据要通过缓冲区才能传送给对象的数据成员，因此 cin 为缓冲流。

2. 标准输出流

在 C++语言流类体系中定义的标准输出流是 cout、cerr 和 clog，其中 cerr 和 clog 为标准错误信息输出流。在默认情况下，cout、cerr 和 clog 都将数据输出到显示器。在 3 个标准输出流中，cout 和 clog 为缓冲流，在内存中对应一个缓冲区。cerr 为非缓冲流，与 cout 流的区别是 cerr 流中的信息只能在显示器输出，cout 流中的数据通常是输出到显示器，但也可以被定向输出到磁盘文件。

用这 4 个标准流进行 I/O 时，系统自动完成数据类型的转换。对于输入流，要将输入的字符序列形式的数据变换为计算机内部形式的数据（二进制数或 ASCII 码）后，再赋给变量，变换后的格式由变量类型确定。对于输出流，将要输出的数据变换成字符串后，送到输出流（文件）中。

10.2.3　使用流输入/输出

在前面，所有 I/O 采用的格式都是由 C++语言流类库提供的默认方式。在实际应用中，常常需要准确控制数据（特别是整数、浮点数和字符串）的 I/O 格式。流类库可用两种方法控制数据的格式，即使用 I/O 控制符和使用类 ios 的成员函数。

1. 使用预定义控制符控制 I/O 格式

C++中的常用的 I/O 控制符见表 10-2。不带形参的控制符定义在头文件 iostream 中，带形参的控制符定义在头文件 iomanip 中，因而使用相应的控制符必须包含相应的头文件。其中的一些控制符也适用于 I/O 格式。

表 10-2　　输入/输出流的控制符

控　制　符	功　　能	适　用　于
dec	设置整数的基数为 10	I/O
hex	设置整数的基数为 16	I/O
oct	设置整数的基数为 8	I/O
setfill(c)	设置填充字符	O
setw(n)	设置字段宽度为 n 位	O
setprecision(n)	设置实数的精度为 n 位	O
setiosflags(flag)	设置 flag 中指定的标志位	I/O
resetiosflags(flag)	清除 flag 中指定的标志位	I/O

【例 10-1】 用控制符控制 I/O 格式示例。

源程序代码

```
#include<iostream>
#include<iomanip>
using namespace std;
int  main(void){
    int  num=100,a,b,c;
    double  pi=3.14159;
    cout<<"输入: ";
    cin>>hex>>a>>dec>>b>>oct>>c;                    //A
    cout<<a<<'\t'<<b<<'\t'<<c<<'\n';                //B
    cout<<"hex:"<<hex<<num<<endl;                   //C, 以十六进制格式输出
    cout<<"dec:"<<dec<<setw(6)<<setfill('#')<<num<<endl;  //D, 设置填充符为#
    cout<<"pi="<<pi<<endl;                          //E, 浮点数默认输出
    cout<<"pi="<<setiosflags(ios::fixed)<<pi<<endl;     //F, 设置固定小数位
    cout<<resetiosflags(ios::fixed);                //G, 清除 fixed 标志位
    cout<<"pi="<<setprecision(4)<<pi<<endl;         //H
    cout<<"pi="<<setprecision(4)<<setiosflags(ios::fixed)<<pi<<endl;  //I
    cout<<"pi="<<setw(10)<<setprecision(4)
        <<setiosflags(ios::fixed|ios::right)<<pi<<endl;      //J
    return 0;
}
```

程序运行结果

```
输入: EA  45  654
234  45  428
hex:64
dec:###100
pi=3.14159
pi=3.141590
pi=3.142
pi=3.1416
pi=####3.1416
```

在例 10-1 程序中，A 行分别以十六进制、十进制和八进制输入数据到变量 a、b、c 中，B 行均按十进制数据输出。C 行以十六进制格式输出整数。D 行以十进制格式输出数据，占据 6 个字符宽度，空白处以“#”代替，控制符 setw(n)只对其后的第一个输出项有效。E 行以默认方式输出浮点数，小数精度默认为 6 位有效数字，不足 6 位按实际数字输出。F 行以定点格式输出浮点数（小数点后默认输出 6 位）。H、I、J 这 3 行用于指定精度格式输出浮点数，单独使用控制符 setprecision(n)设置的精度为有效数字，只有和控制符 setiosflags(ios::fixed)联合使用，才能控制小数点后的精度位数。

2. 用流对象的成员函数控制输出格式

由于类 ios 中包含有关数据流格式化的数据成员与成员函数，因此除了可以用控制符来控制输出格式外，还可以调用 cout 对象中用于控制输出格式的成员函数来控制输出格式。用于控制输出格式的常用流成员函数见表 10-3。

表 10-3 用于控制输出格式的常用流成员函数

流成员函数	与之作用相同的控制符	作　用
precision(n)	setprecision(n)	设置实数的精度为 n 位
width(n)	setw(n)	设置字段宽度为 n 位
fill(c)	setfill(c)	设置填充字符
setf()	setiosflags()	设置输出格式状态，括号中应给出格式状态，内容与控制符 setiosflags 括号中的内容相同，见表 10-4
unsetf()	resetioflags()	终止已设置的输出格式状态，在括号中应指定内容

流成员函数 setf 和控制符 setiosflags 括号中的参数表示格式状态，它是通过格式标志来设定的。格式标志在 ios 类中被定义为枚举值，在使用这些格式标志时，要在前面加上类名 ios 和作用域运算符“::”。常用的设置格式状态的功能格式标志见表 10-4。

表 10-4 常用的设置格式状态的功能格式标志

格 式 标 志	功　能
ios::left	输出数据在本域宽范围内左对齐
ios::right	输出数据在本域宽范围内右对齐
ios::dec	设置整数的基数为 10
ios::oct	设置整数的基数为 8
ios::hex	设置整数的基数为 16
ios::showpoint	强制输出浮点数的小数点和尾数 0
ios::fixed	浮点数以定点格式（小数形式）输出

【例 10-2】 用成员函数控制输出格式示例。

源程序代码

```
#include <iostream>
using namespace std;
int  main(void){
    int num=100;
    double pi=3.14159;
    cout.setf(ios::hex);               //设置十六进制输出格式
    cout<<"hex:"<<num<<endl;
    cout.unsetf(ios::hex);             //恢复十进制输出格式
    cout<<"dec:";
    cout.width(6);                     //设置输出宽度
    cout.fill('#');                    //设置填充符为#
    cout<<num<<endl;
    cout<<"pi="<<pi<<endl;             //浮点数默认输出
    cout.setf(ios::fixed);             //设置固定小数位
    cout<<"pi="<<pi<<endl;
    cout.unsetf(ios::fixed);           //清除 fixed 标志位
    cout.precision(4);                 //设置精度
    cout<<"pi="<<pi<<endl;
```

```
    cout.setf(ios::fixed);
    cout<<"pi="<<pi<<endl;
    cout<<"pi=";
    cout.width(10);
    cout.setf(ios::right);  //设置右对齐输出
    cout<<pi<<endl;
    return 0;
}
```

程序运行结果

```
hex:64
dec:###100
pi=3.14159
pi=3.141590
pi=3.142
pi=3.1416
pi=####3.1416
```

用 cout 流的成员函数控制输出格式与格式控制符功能相同。输入/输出流的成员函数在 iostream 中定义，因此，例 10-2 程序中只需包含头文件 iostream，而不必包含头文件 iomanip。用成员函数 setf 设置输出格式后，如果要改为另一格式，需用 unsetf 函数先终止原来的格式状态，然后再设置新的格式，还可以用位或运算符|组合多个格式标志。

3. 用户自定义操作符控制输入/输出格式

除了预定义的控制符外，C++语言还允许自定义控制符。输出流操作符函数定义的一般格式如下。

```
ostream &操作符名(ostream &stream){
    语句序列
    return  stream;
}
```

若为输入流定义操作符，格式如下。

```
istream &操作符名(istream &stream){
    语句序列
    return  stream;
}
```

【例 10-3】 用户自定义的插入运算符和提取运算符示例。

源程序代码

```
#include<iostream>
using namespace std;
class PhoneNumber;
ostream &operator<<(ostream &output, const PhoneNumber &s);
istream &operator>>(istream &input, PhoneNumber & s);
class  PhoneNumber{
public:
    char  nationCode[4];
    char  areaCode[4];
    char  phoneCode[8];
    friend  ostream& operator<<(ostream&,PhoneNumber&);
    friend  istream& operator>>(istream&,PhoneNumber&);
};
```

```
ostream& operator<<(ostream& output,PhoneNumber& num){
     output<<"("<<num.nationCode<<")"<<num.areaCode<<"-"<<num.phoneCode;
     return  output;
}
istream& operator>>(istream& input,PhoneNumber& num){
     input.ignore( );                    //A，跳过 (
     input.getline(num.nationCode,4);
     input.ignore( );                    //B，跳过 )
     input.getline(num.areaCode,4);
     input.ignore( );                    //C，跳过 -
     input.getline(num.phoneCode,8);
     return  input;
}
int  main( ){
     PhoneNumber  phone;
     cout<<"输入形如(086)025-8445431的电话号码"<<'\n';
     cin>>phone;
     cout<<"输入的电话号码是:\n"<<phone<<endl;
     return 0;
}
```

例 10-3 程序中的 ignore()函数在参数默认情况下，表示从被调用的 istream 对象中读入一个字符并丢弃掉，故 A 行表示读入‘(’并丢弃，B 行表示读入‘)’并丢弃，C 行表示读入‘-’并丢弃。

10.2.4 使用成员函数输入/输出

1. getline( )成员函数

getline( )成员函数的功能是从输入流中读取多个字符（包括空白字符和行结束符），并且指定输入终止字符（默认值是换行字符）。在读取完成后，从读取的内容中删除该终止字符。其函数原型如下。

```
istream&getline( char*pch,  int  nCount,  char  delim = '\n' );
```

其中，第一个参数是字符数组，用于放置读取的文本；第二个参数是本次读取的最大字符数；第三个参数是分隔字符，作为读取一行结束的标志。

【例 10-4】 编程为输入流指定一个终止字符。

源程序代码

```
#include<iostream>
using namespace std;
int  main( ){
     char  line[100];
     cout<<"输入一行字符，由 't'结束: "<<endl;
     cin.getline(line,100,'t');                    //A
     cout<<line<<endl;
     return 0;
}
```

例 10-4 程序中的 A 行连续读入一串字符，直到遇到字符 t 时停止，字符个数最多不超过 99。程序中的 t 是区分大小写的。

2. get( )成员函数

在输入时，有时需要执行每次只输入单个字符的操作，可以使用get( )成员函数来完成。get( )函数的原型如下。

```
char istream::get( );
```

【例10-5】 编程循环读入字符，直到键入一个‘y’字符，或遇到文件尾结束。

源程序代码

```
#include<iostream>
using namespace std;
int  main( ){
     char letter;
     while(!cin.eof( ))    {
          letter=cin.get( );              //A
          if(letter=='y')    {            //B
                cout<<"'y'be met!"<<'\n';
                break;
          }
          cout<<letter;
     }
     return 0;
}
```

例10-5程序中的A行逐个读入字符，并逐个输出，直到B行遇到输入字符为‘y’时停止。

get( )函数还有一种形式可以输入一系列字符，直到输入流中出现结束符（默认为换行符）或所读字符个数已达到要求读的字符个数。这时，get( )函数的原型如下。

```
istream&istream::get(char*,int  n,char  delim='\n');
```

【例10-6】 编写程序，输入一系列字符，并将前24个字符输出。

源程序代码

```
#include <iostream>
using namespace std;
int  main( ){
     char line[25];
     cout << " 输入一行字符，并以回车结束：\n>";
     cin.get( line, 25 );
     cout << ' ' << line<<'\n';
     return 0;
}
```

3. put( )成员函数

put( )成员函数专门用于输出单个字符。例如：

```
cout.put('E');               //在显示器上显示一个字符E
```

再例如，以下程序段可实现逐个输出串中字符的功能。

```
char a[]="fdjshkjdfh";
for(int i=0;i<strlen(a)-1;i++)
     cout.put(a[i]);
cout.put('\n');
```

【例10-7】 编写程序，使用put( )成员函数，在屏幕上显示字母表中的大写字母。

源程序代码

```
#include<iostream>
using namespace std;
int  main( ){
     char letter;
     for(letter='A';letter<='Z';letter++)
          cout.put(letter);        //A
     return 0;
}
```

在一条语句中可以连续调用 put( )函数，如例 10-7 中 A 行若改为：

```
cout.put(letter).put('\n');
```

则每输出一个字符进行一次换行。这里的输出字符也可用 ASCII 码值调用 put( )函数，如可将 for 循环语句改为：

```
for(letter=65;letter<=65+25;letter++)
   cout.put(letter);
```

10.3 文件的输入/输出

到目前为止，程序中的 I/O 都是以系统指定的标准设备为对象来讨论的。但在实际应用中，常常需要以磁盘文件作为 I/O 的对象，即从磁盘文件读取数据，或将数据输出到磁盘文件中。

10.3.1 文件概述

文件是存储在磁盘上的由文件名标识的一组相关数据的集合，每一个文件都必须有一个唯一的文件名。一个文件名由主文件名和扩展名组成，它们之间用圆点分开。主文件名是由用户命名的符合操作系统文件命名规则的标识符，为了与其他软件系统兼容，一般主文件名不超过 8 个有效字符。文件扩展名也是由用户命名的，一般由 1～3 个字符组成，通常用来区分文件的类型。例如，在 C++语言系统中，用扩展名.cpp 表示源程序文件。

根据数据的存储格式，文件可以分为文本文件和二进制文件两种。因为文本文件由字符序列组成，存取的单位为字符，每一个字符都对应一个 ASCII 码，所以文本文件也称为 ASCII 码文件。字符从文本文件中读出后能够直接送到显示器上显示或打印机打印出对应的字符。二进制文件存取的单位为字节，又称为字节文件。文本文件是顺序存取文件。二进制文件中的内容是数据的内部表示，是从内存中直接复制过来的。因为在二进制文件中，对于字符信息，数据的内部表示就是 ASCII 码，所以字符信息保存在文本文件和保存在二进制文件中是一样的，但对于数值信息，由于其内部表示和 ASCII 码表示截然不同，所以在文本文件和二进制文件中保存的数值信息也截然不同。二进制文件是随机存取文件。

例如，2018 这个数，在文本文件中用其 ASCII 码表示为：

'2' '0' '1' '8'

| | | |

50 48 49 56 （对应的 ASCII 码）

共占 4 字节。在二进制文件中则表示为 00000111 11100010，只占 2 字节。由此看出，二进制文件比文本文件节省空间，且不存在编码转换问题，存取效率较高。当需存储大量数字信息时，可选用二进制文件，当需存储大量字符信息时，则采用文本文件。

10.3.2　文件流类库

文件流是以磁盘文件为 I/O 对象的数据流。输出文件流是从内存流向外存文件的数据，输入文件流是从外存文件流向内存的数据。每一个文件流都有一个内存缓冲区与之对应。

这里要区分文件流与文件的概念，不要误以为文件流是由若干文件组成的流。文件流本身不是文件，而只是以文件为 I/O 对象的流。若要对磁盘文件 I/O，就必须通过文件流来实现。

C++语言在头文件 fstream 中定义了文件流类体系，其体系结构如图 10-2 所示。C++语言的文件流类体系是从 C++语言的基本流类体系中派生出来的。当程序中使用文件时，需包含头文件 fstream。

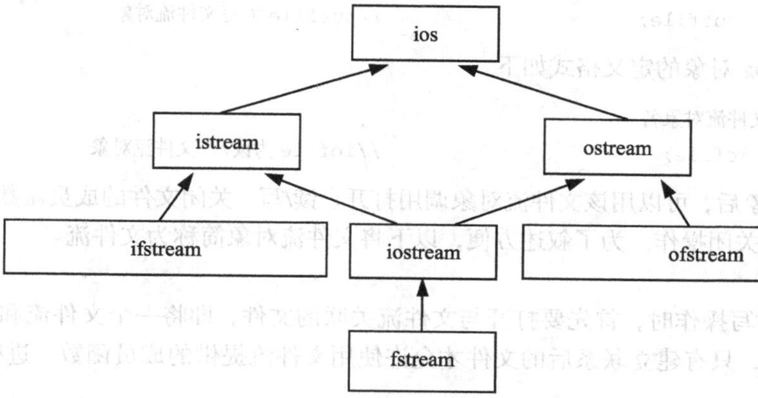

图 10-2　C++预定义的文件流类体系

（1）类 ifstream。类 ifstream 由类 istream 公有派生而来，它实现从文件中读取数据的各种操作。

（2）类 ofstream。类 ofstream 由类 ostream 公有派生而来，它实现数据写入文件的各种操作。

（3）类 fstream。类 fstream 由类 iostream 公有派生而来，它提供了对文件数据的读/写操作。

10.3.3　文件的基本操作

以磁盘文件为对象进行 I/O，必须定义一个文件流类的对象，通过文件流对象将数据从内存输出到磁盘文件，或者通过文件流对象从磁盘文件将数据读入内存。C++语言中使用文件的步骤如下。

（1）建立一个相应的文件流（称为文件流对象）。

（2）将建立的文件流与相应的文件关联起来。

（3）对文件的读/写操作只要对相应的文件流进行即可。

（4）关闭文件流。

例如，若需要从当前目录下的 data.DAT 文件中读取数据，可以先建立一个输入文件流：

```
ifsteam  infile;
```

再使用语句：

```
infile.open("data.DAT");
```

将文件流 infile 和文件 data.DAT 关联起来，以后对文件流 infile 的操作就是对文件 data.DAT 的操作。

1. 定义文件流对象

文件的使用通常有 3 种方式：读文件、写文件、读/写文件。根据文件的这 3 种使用方式，需用文件流类 ifstream、ofstream、fstream 定义 3 种文件流对象：读文件流对象、写文件流对象和读/写文件流对象。

（1）读文件流对象的定义格式如下。

```
ifstream 读文件流对象名
例如，ifstream  infile;                    //infile 为读文件流对象
```

（2）写文件流对象的定义格式如下。

```
ofstream 写文件流对象名
例如，ofstream  outfile;                   //outfile 为写文件流对象
```

（3）读/写文件流对象的定义格式如下。

```
fstream 读/写文件流对象名
例如，fstream  iofile;                     //iofile 为读/写文件流对象
```

定义文件流对象后，可以用该文件流对象调用打开、读/写、关闭文件的成员函数，实现对文件的打开、读/写、关闭操作。为了叙述方便，以下将文件流对象简称为文件流。

2. 打开文件

在进行文件读/写操作时，首先要打开与文件流关联的文件，即将一个文件流和一个具体的磁盘文件发生联系，只有建立联系后的文件才允许使用文件流提供的成员函数，进行数据的读/写操作。

打开文件有两种方式，一种是用文件流成员函数 open()打开文件，另一种是在定义文件流对象时通过构造函数打开文件。

（1）使用成员函数 open()打开文件。其格式如下。

```
对象名.open（文件名，方式）;
```

例如，“infile.open("data.txt",ios::in);”表示打开 data.txt 文件。其中，第一个参数为要打开的文件名或文件路径名；第二个参数为文件打开方式，表 10-5 列出了 ios 类中定义的文件打开方式。

表 10-5　　文件的打开方式

方　式	作　用
ios::in	以输入（读）方式打开文件
ios::out	以输出（写）方式打开文件（这是默认方式），如果文件已存在，则将其原有内容全部清除
ios::app	以输出方式打开文件，写入的数据添加到文件末尾
ios::ate	打开一个已有的文件，文件指针指向文件末尾
ios::trunc	打开一个文件，如果文件已存在，则删除其中全部数据，如果文件不存在，则建立新文件。如已指定了 ios::out 方式，而未指定 ios::app、ios::ate、ios::in，则默认此方式。
ios::binary	以二进制方式打开文件，如不指定此方式，则默认 ASCII 方式

续表

方　式	作　用
ios::noreplace	如果文件不存在，则建立新文件，如果文件已存在，则操作失败，noreplace 的意思是不更新原有文件
ios::in| ios::out	以 I/O 方式打开文件，文件可读/写
ios::out| ios::binary	以二进制写方式打开文件
ios::in| ios::binar	以二进制读方式打开文件

如果 open 函数只有文件名一个参数，则以读/写方式打开。

（2）定义文件流对象时通过构造函数打开文件。格式如下。

```
流类  对象名(文件名，方式);
```

例如：

```
ifstream  infile("data.txt");          //通过构造函数按读方式打开文本文件 data.txt
ofstream  outfile("data.txt");         //通过构造函数按写方式打开文本文件 data.txt
fstream  iofile("data.txt",ios:in|ios::out);
                                       //通过构造函数按读/写方式打开文件 data.txt
```

通常，无论是用成员函数 open()打开文件，还是用构造函数打开文件，在打开文件后，都要判断打开是否成功。若文件打开成功，则文件流对象值为非零值（真）；若打开不成功，则其值为 0（假）。因此，按只读方式打开文件 data.txt 的一般语句如下。

```
ifstream  infile("data.txt");
if (!infile) {
        cout<<"open error! "<<endl;
        exit(1);
}
```

或

```
ifstream  infile;
infile.open("data.txt");
if (!infile) {
        cout<<"open error! "<<endl;
        exit(1);
}
```

3. 读/写文件

文件打开后，对文件的读/写操作也有两种方法，一种方法是使用提取运算符或插入运算符对文件进行读/写操作。例如：

```
char  ch;
infile>>ch;          //从输入流 infile 关联的文件 data.txt 中提取一个字符并赋给变量 ch
outfile<<ch;         //将变量 ch 中的字符写入输出流 outfile 关联的文件 data.txt 中
```

另一种方法是使用成员函数进行文件的读/写操作。例如：

```
char  ch;
infile.get(ch);  //从输入流 infile 关联的文件 data.txt 中读取一个字符并赋给变量 ch
outfile.put(ch); //将变量 ch 中的字符写入输出流 outfile 关联的文件 data.txt 中
```

4. 关闭文件

打开一个文件且对文件进行读/写操作完成后，需要调用文件流的成员函数来关闭相应的文件。一般格式如下。

```
对象名.close();
```

例如：

```
infile.close();   //关闭与 infile 关联的文件 data.txt
```

程序运行结束时，要撤销文件流对象，这时系统也会自动调用相应文件流对象的析构函数，关闭与该文件流相关联的文件。

10.3.4 文本文件的操作

文件流类 ifstream、ofstream、fstream 中并没有直接定义文件操作的成员函数，对文件的操作是通过调用其基类 ios、istream、ostream 中说明的成员函数来实现的。这样对文本文件的基本操作与标准输入流（键盘）及标准输出流（显示器）的使用方式相同，即通过提取运算符>>和插入运算符<<来访问文件。

【例 10-8】 编程建立一个文本文件 score.txt，保存 10 位同学的 C++课程成绩。

源程序代码

```
#include <iostream>
#include <fstream>
using namespace std;
int main(){
     float  score[10];
     ofstream  outfile;                       //定义文件输出流对象 outfile
     outfile.open("score.txt",ios::out);      //打开文件，指定打开方式
     if(!outfile){                            //如果 outfile 为 0，则表明文件打开操作失败
          cerr<<"文件打开失败!\n";
          exit(1);
     }
     cout<<"请输入 10 个学生的 C++课程成绩:\n";
     for(int i=0;i<10;i++){
          cin>>score[i];                      //从键盘读入数据
          outfile<<score[i]<<"  ";            //向磁盘文件输出数据
     }
     outfile.close();                         //关闭磁盘文件
     cout<<"成绩保存成功!\n";
     return 0;
}
```

程序运行结果

```
请输入 10 个学生的 C++课程成绩:
90 95 85 80 70 60 55 75 88 90
成绩保存成功!
```

由于例 10-8 程序中既使用了标准输入设备键盘读入数据，又将读入的数据写入磁盘文件，所以程序开头部分包含了相应的头文件 iostream 和 fstream。例 10-8 首先通过文件输出流类 ofstream 定义文件输出流对象 outfile，并调用其成员函数 open，使其以打开文件的方式与文本

文件 score.txt 相关联；在判断打开文件成功后，在 for 循环中提取运算符>>从键盘读入数据，并用插入运算符<<将数据写入文件中；文件使用完毕后，调用文件输出流对象 outfile 的成员函数 close()关闭文件。

【例 10-9】 从例 10-8 建立的 score.txt 文件中，读出 10 个学生的 C++课程成绩，并求出最高分、最低分和平均分。

源程序代码

```
#include <iostream>
#include <fstream>
using namespace std;
int  main(){
    float  score[10];
    float  max,min,sum=0;
    double  ave;
    fstream  infile;                                    //A，定义文件输入/输出类的对象 infile
    infile.open("score.txt",ios::in);                   //B，以输入方式打开磁盘文件
    if(!infile){                                        //C，判断文件打开是否成功
         cerr<<"文件打开失败!\n";
         exit(1);
    }
    cout<<"学生成绩: ";
    for(int  i=0;i<10;i++){
        infile>>score[i]; //D，从磁盘文件读入 10 个学生的成绩，存放到数组 score 中
        cout<<score[i]<<'\t';                           //在显示器上顺序显示 10 个学生的成绩
    }
    cout<<'\n';
    max=min=score[0];
    for(i=0;i<10;i++){
          sum+=score[i];
          if(score[i]>max)max=score[i];
          if(score[i]<min)min=score[i];
    }
    ave=(double)sum/10;
    cout<<"最高分: "<<max<<endl;
    cout<<"最低分: "<<min<<endl;
    cout<<"平均分: "<<ave<<endl;
    infile.close();                                     //E，关闭磁盘文件
    return 0;
}
```

程序运行结果

```
学生成绩: 90  95  85  80  70  60  55  75  88  90
最高分: 95
最低分: 55
平均分: 78.8
```

例 10-9 程序中，A 行定义文件流类 fstream 的对象 infile；B 行调用 infile 的成员函数 open 以读方式打开磁盘文件 score.txt：“infile.open("score.txt",ios::in);”，当 score.txt 文件存在时，打开成功，否则打开失败。C 行判断打开文件是否成功；D 行使用提取运算符>>从文件中读入数据；E 行文件使用完毕后将其关闭。

10.3.5 二进制文件的操作

二进制文件是按二进制的编码方式来存放文件内容的，系统在处理这些文件时，并不区分类型，都看成是字符流，按字节处理，又称为流式文件，如果用系统文本编辑器直接打开它，通常是看不明白显示内容的。

对二进制文件的操作也需要先打开文件，再进行读/写操作，完毕后关闭文件。在打开时要用 ios::binary 指定以二进制形式传送和存储。对二进制文件读/写操作，不能通过标准 I/O 流的提取运算符>>和插入运算符<<来实现，只能通过二进制文件的读/写成员函数 read()与 write()来实现。

1. 二进制文件读函数 read()

对二进制文件的读操作是通过成员函数 read()来实现的。在流类 istream 中重载了这个函数，read()成员函数的原型如下。

```
istream &istream::read(char *, int );
```

其中第一个参数是字符指针，指向内存中的一块存储空间；第二个参数指定读入内存的字节数。

2. 二进制文件写函数 write()

对二进制文件的写操作是通过成员函数 write()来实现的。在流类 ostream 中重载了这个函数，write()成员函数的原型如下。

```
ostream &ostream::write(const char *, int );
```

其中第一个参数是字符指针，指向内存中的一块存储空间；第二个参数指定写入文件的字节数。

3. 测试文件结束函数 eof()

对二进制文件结束位置的测试可用成员函数 eof()来实现，该成员函数的格式如下。

```
int ios::eof();
```

当到达文件结束位置时，该函数返回非零值（真），否则返回零值（假）。

【例 10-10】 建立一个文件，记录学生的信息，包含学生的学号、姓名 C++课程成绩等信息。

源程序代码

```
#include <fstream>
#include <iostream>
using namespace std;
struct  student{
     int  num;
     char  name[20];
     float  score;
};
int  main(){
     student  stu[5]={{1001,"Zhang",90}, {1002,"Wang",88}, {1003,"Wu",92},
               {1004,"Li",85}, {1005,"Chen",90}};
     ofstream  outfile;
     outfile.open("stud.dat",ios::out|ios::binary);
     if(!outfile){
          cerr<<"文件打开失败!\n";
          exit(1);
     }
```

```
    for(int  i=0;i<5;i++)
            outfile.write((char*)&stu[i],sizeof(stu[i]));
    outfile.close();
    return 0;
}
```

在例 10-10 中，若程序运行成功，将在当前目录下建立 stud.dat 文件，其中保存了学生的相关信息。程序中首先定义一个学生结构体 student，然后定义学生结构体数组 stu；再以写二进制文件的方式打开文件，利用 write() 函数逐个将学生结构体数组 stu 中的数据写入文件；语句“outfile.write((char*)&stu[i],sizeof(stu[i]));”中的第一个参数是每个学生对象的首地址，但一定要强制类型转换为字符数组指针，第二个参数是需要写入文件的数据的大小，即字节数；当然，也可以使用语句“outfile.write((char*)&stu[0],sizeof(stu));”将学生信息一次性写入文件。

【例 10-11】 将例 10-10 建立的文件中的内容读入内存并在显示器上显示。

源程序代码

```
#include <iostream>
#include <fstream>
using namespace std;
struct  student{
    int  num;
    char  name[20];
    float  score;
};
int  main(){
    student  stu[5];
    ifstream  infile;
    infile.open("stud.dat",ios::in|ios::binary);
    if(!infile){
            cerr<<"文件打开失败!\n";
            exit(1);
    }
    for(int  i=0;i<5;i++){
        infile.read((char*)&stu[i],sizeof(stu[i]));
        cout<<stu[i].num<<'\t'<<stu[i].name<<'\t'<<stu[i].score<<endl;
    }
    infile.close();
    return 0;
}
```

程序运行结果

```
1001    Zhang    90
1002    Wang     88
1003    Wu       92
1004    Li       85
1005    Chen     90
```

4. 随机访问二进制文件

前面介绍的文件读/写操作都是按信息在文件中的存放顺序进行的。事实上，C++语言允许从二进制文件中的任何位置开始进行读/写数据，称为文件的随机访问。在文件流类的基类中定义了几个支持文件随机访问的成员函数，如表 10-6 所示。

表 10-6　　随机读/写文件的成员函数

成员函数	功　能	所属类
gcount()	返回最后一次读入的字节数	istream
tellg()	返回文件读指针的当前位置	ifstream
seekg(long pos)	将文件读指针移到指定位置	ifstream
seekg(long off, ios::seek_dir)	将文件读指针以参照位置为基准移到指定位置	ifstream
tellp()	返回文件写指针的当前位置	ofstream
seekp(long pos)	将文件写指针移到指定位置	ofstream
seekp(long off, ios::seek_dir)	将文件写指针以参照位置为基准移到指定位置	ofstream

其中 pos 和 off 都是位移量，以字节为单位；ios::seek_dir 是参照位置，它的值有以下 3 个。

ios::beg：文件起始位置。

ios::cur：当前指针位置。

ios::end：文件尾部位置。

它们是在类 ios 中定义的枚举型常量。

【例 10-12】 文件的随机读/写示例。

源程序代码

```
#include <iostream>
#include <fstream>
using namespace std;
struct  student{
     int  num;
     char  name[20];
     int  score;
};
int  main(){
     student  stu[5]={{1001,"Zhang",90}, {1002,"Wang",88}, {1003,"Wu",92},
                {1004,"Li",85}, {1005,"Chen",90}};
     ofstream  outfile("stud.bin",ios::out|ios::binary);   //A，以写二进制文件方式打开
     if(!outfile){
         cerr<<"文件打开失败!\n";
         exit(1);
     }
     for(int  i=0;i<5;i++)                          //B，利用 write 函数逐个写入二进制文件
         outfile.write((char*)&stu[i],sizeof(stu[i]));
     student  newstu={1008,"Zhu",83};               //C，新学生信息
     outfile.seekp(2*sizeof(student));              //D，以文件头为基准，移动写文件指针
     outfile.write((char*)&newstu,sizeof(student)); //E，覆盖原来第 3 个学生的数据
     outfile.close();
     fstream infile("stud.bin",ios::in|ios::binary); //F，以读二进制文件方式打开
     if(!infile){
         cerr<<"文件打开失败!\n";
         exit(1);
     }
     student  st[5];
     for(i=0;i<5;i++){                        //G，读取学生数据，并在显示器上显示
```

```
        infile.read((char*)&st[i],sizeof(student));
        cout<<st[i].num<<'\t'<<st[i].name<<'\t'<<st[i].score<<'\n';
    }
    student  nst;
    infile.seekg(sizeof(student)*2,ios::beg);  //H，以文件头为基准，移动读文件指针
    infile.read((char*)&nst,sizeof(student));  //I，读指定位置的学生信息
    cout<<"新学生信息:\n"<<nst.num<<'\t'<<nst.name<<'\t'<<nst.score<<'\n';
    infile.close();
    return 0;
}
```

程序运行结果

```
1001    Zhang   90
1002    Wang    88
1008    Zhu     83
1004    Li      85
1005    Chen    90
新学生信息:
1008    Zhu     83
```

例 10-12 程序中，A 行以写二进制文件方式打开文件；B 行用 write()函数将学生信息按顺序写入文件；D 行以文件头为基准，移动写文件指针到指定位置；E 行使用随机读写将原来第 3 个学生的数据覆盖；F 行再以读二进制文件方式打开文件，读取学生信息并显示到显示器中；H 行以文件头为基准，移动读文件指针到指定位置；I 行读取新学生信息并显示到显示器中。

10.4 程序举例

【例 10-13】 建立一个包含学生学号、姓名、成绩的文本文件，并从文件中输出不及格学生的信息。

源程序代码

```
#include <iostream>
#include <fstream>
using namespace std;
int main(){
    char  fileName[30] , name[30] , s[80]  ;
    int  number , score ;
    ofstream  outstuf ;
    cout << "请输入要建立的文件名 :\n" ;
    cin >> fileName ;
    outstuf.open( fileName, ios::out ) ;
    if ( !outstuf ){
        cerr << "文件不能打开." << endl ;
        abort();
    }
    outstuf << "学生成绩文件\n" ;
    cout << "输入学号、姓名、成绩 : (按 Ctrl-Z 结束)\n " ;  //A
    while( cin >> number >> name >> score )
```

```
        outstuf << number << ' ' << name << ' ' << score << '\n' ;
    outstuf.close() ;
    fstream  instuf( "d:123.txt", ios::in ) ;
    if ( !instuf ){
        cerr << "文件不能打开." << endl ;  abort();
    }
    instuf.getline( s, 80 ) ;
    cout<<"\n 不及格学生为: \n";
    while( instuf >> number >> name >> score ) {
        if (score<60)
            cout << number << '\t' << name << '\t' << score << '\n' ;
    }
    instuf.close() ;
    return 0;
}
```

运行后若输入："d:\\123.txt"，则在 d 盘上创建文本文件 123.txt，随后可根据提示依次输入学号、姓名、成绩，直到按 Ctrl-Z 结束。最后输出所有不及格学生的学号、姓名及成绩。

例 10-13 中 A 行所写的 "Ctrl+z"，在 C++语言中指文件结束标志。

【例 10-14】 将文件 d: f1 复制到文件 d: f2 中。

源程序代码

```
#include<iostream>
#include <fstream>
using namespace std;
int  main ( ){
     char  ch ;
     ifstream  f1 ( "d:f1.txt" ) ;
     if ( !f1 )    {
         cout << "cannot open 'f1' for input.\n" ;
         return  0;
     }
     ofstream  f2 ( "d:f2.txt" ) ;
     if ( !f2 )    {
         cout << "cannot open f2 for ouput.\n" ;
         return 0 ;
     }
     while ( f1 && f1.get(ch) )        //A
         f2.put( ch ) ;
     f1.close () ;
     f2.close () ;
     cout << "完成 !\n" ;
     return 0 ;
}
```

在例 10-14 的 A 行循环中，将 f1 中的字符逐个读入 f2 中。

【例 10-15】 将文件名作为参数浏览文件示例。

源程序代码

```
#include<iostream>
#include<fstream>
using namespace std;
void  browseFile( char * , int );
int  main(){
```

```
    char  fileName[80];
    cout << "请输入要打开的文件名：" ;
    cin >> fileName ;
    browseFile(fileName, 1 );
    return 0;
}
void  browseFile( char * fileName, int delLine ) {     //A
    ifstream  inf( fileName, ios::in ) ;
    char  s[80];
    for ( int  i=1; i <= delLine; i++ )                //B
        inf.getline( s, 80 ) ;
    while( !inf.eof() )  {
        inf.getline( s, 80 ) ;                         //C
        cout << s << endl ;                            //D
    }
    inf.close() ;
}
```

例 10-15 程序中 A 行的文件名作为参数；B 行不显示开始的指定行数；C 行按行读出文件；D 行按行显示文件。

10.5 习 题

1. 确定下列输出的结果。

（1）cout << "12345 " << setw(10) << setfill('$ ') << 10000;

（2）cout << setw(8) << setprecision(3) << 1024.987654;

（3）cout << oct << 99 << endl << hex << 99;

2. 编写程序实现温度从华氏到摄氏的转换，右端保留小数点两位，要有正负号表示。转换关系为：celsius = 5.0/9.0 *(fahrenheit - 32)，其中华氏温度范围为 0～212。

3. 定义一个二维数组，并用键盘输入二维数组的元素值，将此二维数组的元素值存入文本文件中。

4. 求出 2～100 的所有素数，将求出的素数分别送到文本文件 prime.txt 和二进制文件 prime.dat 中。送到文本文件中的结果，要求以表格形式输出，每一行输出 5 个素数，每一个数占用 10 个字符宽度。

5. 用文本编辑器产生一个包含若干实数的文本文件。编写程序，从该文本文件中依次读取每一个数据，求出这批数的平均值和个数。

6. 产生一个求出 5～1000 所有奇数的文件（二进制文件），将文件中第 20 个～第 30 个中的数读出后输出。要求通过移动文件的指针来实现文件的随机存取。

附录 ASCII 表

ASCII 值		控制字符	ASCII 值		字符	ASCII 值		字符	ASCII 值		字符
十六进制	十进制		十六进制	十进制		十六进制	十进制		十六进制	十进制	
00	0	NUL	20	32	空格	40	64	@	60	96	`
01	1	SOH	21	33	!	41	65	A	61	97	a
02	2	STX	22	34	"	42	66	B	62	98	b
03	3	ETX	23	35	#	43	67	C	63	99	c
04	4	EOT	24	36	$	44	68	D	64	100	d
05	5	ENQ	25	37	%	45	69	E	65	101	e
06	6	ACK	26	38	&	46	70	F	66	102	f
07	7	BEL	27	39	'	47	71	G	67	103	g
08	8	BS	28	40	(	48	72	H	68	104	h
09	9	HT	29	41	)	49	73	I	69	105	i
0a	10	LF	2a	42	*	4a	74	J	6a	106	j
0b	11	VT	2b	43	+	4b	75	K	6b	107	k
0c	12	FF	2c	44	,	4c	76	L	6c	108	l
0d	13	CR	2d	45	-	4d	77	M	6d	109	m
0e	14	SO	2e	46	.	4e	78	N	6e	110	n
0f	15	SI	2f	47	/	4f	79	O	6f	111	o
10	16	DLE	30	48	0	50	80	P	70	112	p
11	17	DC1	31	49	1	51	81	Q	71	113	q
12	18	DC2	32	50	2	52	82	R	72	114	r
13	19	DC3	33	51	3	53	83	S	73	115	s
14	20	DC4	34	52	4	54	84	T	74	116	t
15	21	NAK	35	53	5	55	85	U	75	117	u
16	22	SYN	36	54	6	56	86	V	76	118	v
17	23	ETB	37	55	7	57	87	W	77	119	w
18	24	CAN	38	56	8	58	88	X	78	120	x
19	25	EM	39	57	9	59	89	Y	79	121	y
1a	26	SUB	3a	58	:	5a	90	Z	7a	122	z
1b	27	ESC	3b	59	;	5b	91	[	7b	123	{
1c	28	FS	3c	60	<	5c	92	\	7c	124		
1d	29	GS	3d	61	=	5d	93	]	7d	125	}
1e	30	RS	3e	62	>	5e	94	^	7e	126	~
1f	31	US	3f	63	?	5f	95	_	7f	127	

参考文献

1. 谭浩强．C++程序设计．北京：清华大学出版社，2011.
2. 王春玲．C++程序设计大学教程．北京：人民邮电出版社，2009.
3. 徐惠民．C++大学基础教程．北京：人民邮电出版社，2009.
4. 谭浩强．C++程序设计实践指导．北京：清华大学出版社，2011.
5. 杜友福．C 语言程序设计（第三版）．北京：科学出版社，2012.
6. 郑秋生．C/C++程序设计教程——面向对象分册（第 2 版）．北京：电子工业出版社，2012.